AF474769

VOYAGE

D'UN FRANÇAIS FUGITIF,

DANS LES ANNÉES 1791 ET SUIVANTES.

III.

Par le marquis de Massey
[illegible]

VOYAGE

D'UN FRANÇAIS FUGITIF,

DANS LES ANNÉES 1791 ET SUIVANTES.

Je rends au public ce que j'ai reçu du public.

TOME TROISIÈME.

A PARIS,

CHEZ ADRIEN ÉGRON, IMPRIMEUR

DE S. A. R. MONSEIGNEUR, DUC D'ANGOULÊME,

rue des Noyers, n.° 37.

ANCELLE, Libraire, rue de la Harpe, n.° 44.

1816.

VOYAGE

D'UN FRANÇAIS FUGITIF,

DANS LES ANNÉES 1791 ET SUIVANTES.

CHAPITRE XLI.

Séjour à Constance. — Janvier 1793.

ICI nous commençons un autre genre de vie : nous nous trouvons dans une société toute nouvelle et formée d'un concours d'habitans de toutes les provinces de France, de tous les états, et de presque toutes les opinions, malgré le soin qu'on prît de n'y souffrir parmi les émigrés que de fidèles sujets du Roi.

La colonie de Constance, qui avait commencé par quelques familles sorties de la

Suisse et de la Savoie, ne s'était formée que depuis environ six mois. Il s'y trouvait plusieurs évêques et ecclésiastiques de tous ordres, des officiers-généraux, cordons bleus et autres; des abbesses, des religieuses, enfin de tout ce qui avait été obligé de fuir la France.

Chacun était établi, tant bien que mal; les logemens étaient détestables et très-chers : la ville, qui était très-grande, ne contenait que trois mille âmes de population. Tous les bourgeois voyant se grossir chaque jour le nombre d'émigrés qui arrivaient de tous côtés, arrangèrent leurs maisons, meublèrent leurs appartemens, de sorte qu'à mesure qu'on y débarquait, on trouvait à s'y loger.

Il faut rendre aux habitans de Constance la justice qui leur est due; on ne rencontre nulle part un peuple meilleur, plus doux et plus patient. Les Français ont trouvé, dans cette ville, des secours et des procédés aussi rares que précieux : je ne crains pas d'être démenti. On n'est pas mieux accueilli dans sa famille, que tous ne l'ont été à Constance; on avait encore l'avantage d'y vivre à très-bon marché.

Je vais suivre, dans mon récit, le cours des événemens qu'amenèrent et les nouvelles reçues de l'intérieur de la France, et le rassemblement de tant de personnes différentes, dont le nombre s'augmentait tous les jours si considérablement.

L'objet qui fixait tous nos regards, dans ce malheureux temps, était Louis XVI, que la Convention, au nom de la nation, s'était arrogé le droit de mettre en jugement. Il avait été aussi facile à cette assemblée, réunie par la fureur et la rage, de supposer des crimes à un roi juste et débonnaire, que de le détrôner. Dans ce renversement absolu de tous les principes, ce n'était pas la justice qui était appelée à punir le crime, mais c'était, au contraire, le crime qui punissait l'innocence et la vertu.

Dès qu'on apprit à Constance que, le 10 décembre, le Roi avait été amené à la barre de la Convention par Santerre, et qu'on lui avait signifié qu'il allait être jugé, les églises ne désemplirent plus. Tous les évêques qui y étaient retirés, ainsi que tous les prêtres, offraient chaque jour le sacrifice de la messe, pour obtenir du Ciel qu'il sauvât une tête si chère, et qu'il ouvrît les yeux à ces hommes de sang, si jaloux de se souiller du plus horrible des crimes.

Attentifs à tous les débats, nous bénissions ces hommes courageux qui déclaraient la Convention incompétente pour juger un roi; tandis qu'au contraire on frémissait en lisant les noms d'un Couthon, d'un Robespierre, d'un Barrère, et autres monstres semblables qui étaient altérés de son sang. Nous ne lûmes qu'avec horreur et mépris le nom de ce Target qui se crut apparemment trop odieux pour figurer à côté de Desèze et de Malesherbes. Nous louâmes ce vertueux Morisson, député de la Vendée, qui, dès le 13 novembre, refusa à la Convention le droit de juger son maître.

Enfin, le 21 janvier, jour où le meilleur des rois fut assassiné, nous plongea tous dans le deuil. Depuis cet horrible attentat, nos jours s'écoulèrent tristement à Constance. Un littérateur allemand fit, dans sa langue, une *Apologie de Louis XVI*, qui arracha des larmes à tous les lecteurs; et nous, Français, nous ne pûmes obtenir que bien tard la permission de faire célébrer un service pour notre malheureux Roi.

M. le prince de Condé en fit célébrer un à Villingen, où son armée avait pris son quartier d'hiver. Quelques émigrés de ce corps vinrent passer ce temps à Constance; M. le prince d'Esterhazy fut alors rappelé à Vienne. La déroute des Prussiens et la dissolution de l'armée des princes avaient porté la désolation parmi tous les Français fugitifs. Ils cherchèrent un asile partout; peu vinrent rejoindre le prince de Condé qui, de son côté, n'avait presque plus d'espoir : on en jugera par le discours qu'il adressa, le 14 janvier, à la noblesse française.

Messieurs,

« Dans le temps des malheurs de la fin
« de septembre, il était pardonnable de

« craindre qu'ils ne fussent sans ressources.
« Dans l'amertume de mon cœur, je m'affligeais profondément du sort affreux
« qui menaçait la noblesse française, et je
« crus devoir m'occuper de l'adoucir autant qu'il serait en mon pouvoir. Je
« chargeai M. le duc de Richelieu d'une
« lettre pour l'impératrice de Russie, et je
« demandai à cette illustre souveraine si,
« dans le cas d'un naufrage absolu, la noblesse française pourrait trouver un port
« assuré dans quelque climat tempéré de
« ses états. La magnanimité de Catherine II n'a point hésité, et je viens de
« recevoir d'elle la réponse la plus flatteuse pour moi, la plus honorable pour
« vous, et la plus remplie des sentimens
« que doivent inspirer à l'Europe la constance de votre courage et de votre attachement au plus malheureux des rois.

« Je n'ai pas besoin de vous dire, messieurs, que la perspective que vous offre
« l'impératrice ne doit altérer ni votre
« vive reconnaissance pour les bienfaits
« que nous recevons de l'empereur, ni

« votre ardeur à seconder ses troupes « dans le noble projet qu'il a sans doute « de remettre le roi de France sur son « trône. Si nous y parvenons, nos vœux « seront remplis ; si nous avons le mal- « heur d'échouer, ce dont Dieu nous pré- « serve, tous ceux qui ont suivi le poste de « l'honneur, de quelque état qu'ils soient, « ont un asile, des secours et des posses- « sions assurées pour eux, leur famille et « leur postérité. »

Ces possessions devaient être aux Palus-Méotides, pays célèbre du temps de Mithridate, et depuis occupé par les Tartares, sur les bords de la mer d'Azof et de Zabach. Chacun voulut connaître ce pays, et se procura des cartes et des renseignemens ; mais que de réflexions à faire sur de pareilles offres !

La colonie de Constance s'augmentait considérablement : on y arrivait de toutes parts ; elle devint bientôt si nombreuse que les Français excédaient de beaucoup les Allemands. Il y avait de la variété dans la société, quoique les fortunes fussent presque toutes des plus médiocres; quelques familles et quelques individus avaient pris leurs précautions, et se trouvaient encore dans l'aisance. Je ne sais pourquoi la fortune rend presque toujours dédaigneux, et pourquoi ceux qu'elle favorise abaissent à peine leurs regards sur celui qui en est privé. On voyait encore à Constance de ces sortes de gens vivant pour eux seuls, mais on y voyait aussi la réunion de toutes les vertus. Je ne me permettrai de nommer que M. de Juigné, archevêque de Paris, dont la belle âme mérite, mieux que bien des héros, les souvenirs et les respects de la postérité. Placé au milieu de tous ceux qui souffraient et qui étaient tombés dans l'indigence, il s'était fait le consolateur et le soutien du malheureux. Il avait su intéresser toutes les âmes sensibles de l'Europe, et en obtenir des secours; il s'occupait à en faire la distribution avec une discrétion, un discernement, une délicatesse et une bonté sans exemple. Tout le monde vivait, et personne ne manquait; il suffisait de lui faire connaître ses besoins, ils étaient aussitôt satisfaits. Telle était la sainte occupation de ce prélat. Il ne s'est jamais rebuté d'aller lui-même au-devant du besoin, employant le mystère et toutes les formes délicates pour rendre la charité plus belle pour lui, et moins humiliante pour ceux qui en étaient l'objet. Il passait ses autres momens à la prière, à la conversion des méchans, et aux moyens de ramener la prospérité dans notre patrie. Le soir, il se délassait de ses travaux dans le sein de sa respectable famille : nous allions tous y puiser des exemples de patience et de résignation.

Un ancien commandant de province, vieillard octogénaire qui avait été au faîte de la fortune et des honneurs, était ici réduit, avec sa nombreuse famille, à vivre de la plus stricte économie. C'était un modèle de l'honneur et de la politesse française, et chacun se faisait un devoir de lui donner tous les témoignages de vénération qui lui étaient dus. Constance possède sa dépouille mortelle, et son âme est au ciel.

Mais il faut être vrai : à côté de ce tableau de toutes les vertus, la légèreté de nos jeunes et belles dames en offrait un qui n'était pas des plus édifians. La galanterie ne s'endormait pas à Constance : ce qui prouve malheureusement que l'adversité ne corrige pas toujours. Je ne vous ferai jamais connaître, coquettes séduisantes, toujours esclaves de vos goûts et de vos plaisirs; si les bons et honnêtes habitans de Constance ont perdu de la pureté de leurs mœurs, c'est à vous qu'ils doivent ce malheur. Combien vous les avez étonnés par la singularité et la variété de vos folies! Les spéculateurs n'y ont pas perdu; votre passion pour la mode leur a appris à fonder des bénéfices certains sur vos caprices divers : d'une seule boutique de modes burlesques, que j'avais vue en arrivant dans cette ville, sont nés cent magasins considérables que les modes françaises y ont fait lever, et dont le débit était immense.

Et vous, naïves habitantes des bords d'un des plus beaux lacs du monde, qu'est devenue votre heureuse simplicité, votre aimable candeur ? Hélas ! en étudiant notre langue et nos goûts, n'avez-vous pas fait l'apprentissage du malheur ?

J'étais venu chercher la retraite à Constance ; je l'y avais trouvée, quoiqu'au milieu du monde : et de quel monde ? Du plus bizarre assemblage qu'on puisse imaginer. Je ne sortais presque pas : notre société était très-bornée ; les soins dus à notre enfant faisaient notre plus chère occupation. Si je faisais quelques promenades, elles étaient solitaires ; et, quand le temps le permettait, c'était avec un livre.

Il m'arriva cependant quelquefois de faire la rencontre de différentes personnes que je ne soupçonnais pas émigrées, ou que je croyais dans d'autres contrées. Un jour je m'entendis nommer dans une rue par deux ecclésiastiques : j'eus le plaisir de reconnaître en eux deux curés de mon pays, dont l'un me devait la vie. Il s'en ressouvint, et me renouvela les témoignages de sa reconnaissance ; depuis ce moment, nous ne nous quittâmes plus.

Ce bon ecclésiastique, tout à son état,

ne regrettait que ses paroissiens, auxquels il était véritablement attaché ; ils l'avaient tenu caché, après que j'avais eu le bonheur de l'arracher des mains des forcenés qui allaient le massacrer; il n'osait pourtant pas, ayant été déporté, risquer de retourner parmi eux, quoiqu'ils l'en eussent fait solliciter plus d'une fois. Il s'était réuni à Constance avec une société de ses confrères, qui tenaient tous les jours des conférences sur les moyens de s'accorder en rentrant dans leurs paroisses, et de rendre la paix du cœur à leurs ouailles. Plusieurs évêques assistaient à ces conférences, où l'on goûtait une véritable satisfaction, en entendant développer les principes les plus purs et les plus parfaits. Il y avait alors vingt-deux évêques réfugiés à Constance.

L'archevêque de Paris avait établi une table commune, où tous les prêtres qui manquaient de moyens trouvaient gratuitement deux bons repas par jour : cet établissement s'est soutenu long-temps.

Un jour, un militaire, imbu d'idées antichrétiennes, attaqua mon curé, et voulut lui prouver que notre religion était une chimère. Il lui bâtit un système de sa façon sur la création du monde. Voici ce que le curé lui répondit : « Pourquoi chercher dans l'imagination humaine, qui est si bornée, tant de systèmes aussi absurdes que contradictoires, pour inventer, comme l'ont fait tant d'insensés soi-disant philosophes, une création inexplicable ? Pourquoi, lorsque tout nous prouve si évidemment l'existence d'un Dieu, vouloir le nier, et en arracher la croyance du cœur des faibles et des pusillanimes ? Ah ! si Dieu n'était pas, que pourrions nous être nous-mêmes ? nous, qui ne saurions imaginer un point assez solide pour reposer la pensée. Sans un créateur, qui est-ce qui pourrait produire le souffle qui nous anime ? Sans un Dieu, pourrions-nous exister autrement que sourds, muets et aveugles ; marchant machinalement dans un chaos fangeux, ou rampant dans d'épaisses ténèbres, parce que la lumière serait nulle pour nous ? Cependant tous les hommes l'invoquent cette lumière: d'où voudraient-ils donc qu'elle provînt, si elle n'émanait d'un être créateur? Elle ne peut avoir son principe dans l'homme, puisqu'il ne la conçoit pas, et qu'il n'est pas capable de fixer un instant le plus simple jet de ses rayons. »

Si, d'un côté, les âmes timorées s'occupaient de choses graves et satisfaisantes pour la conscience, de l'autre, les dames du bel air ne négligeaient ni la coquetterie ni leurs plaisirs ; quelques soupers, quelques orgies avaient fait du bruit : on en parlait dans le monde. Une des plus distinguées de ces dames, sous tous les rapports, ayant donné lieu à quelques bruits un peu trop scandaleux, fut citée à comparaître devant le vice-président de la régence qui gouvernait le pays. La belle dame lui fit demander si on ignorait dans son pays ce que l'on devait aux dames, et de quelle rusticité en étaient les mœurs, pour manquer aussi gravement à toutes les bienséances. Elle déclara qu'elle voulait bien attendre chez elle M. le vice-président, pour savoir de lui ce qu'il avait à lui dire, et qu'alors elle lui répondrait ce qu'elle croirait convenable.

Le vice-président s'y rendit, et exposa le sujet de ses plaintes. Mais que pouvait-il prononcer devant une femme remplie de grâces et d'esprit, qui lui prouva mille fois qu'il avait tort; que chez-elle, elle était libre et indépendante; qu'aucun pouvoir n'avait droit de connaître et de juger ce qui s'y passait, etc. Le vice-président, déconcerté, confus, ébloui de l'éclat de deux beaux yeux, avoua ses torts, demanda pardon, et promit de les réparer.

Le mois de mars arriva; le soleil parut et ses rayons firent reverdir la nature: j'en profitai pour aller visiter quelques sites des environs du lac, surtout pour voir le spectacle d'une tempête: ce qui arrive quelquefois sur ce lac, lorsque le ciel est serein et le temps calme. Comme je cheminais vers l'île de Maineau, à une lieue de la ville, je vis en avant de moi une jeune personne de seize à dix-sept ans, allant à pied, un petit sac sous son bras, et marchant avec grâce et légèreté : elle tenait à la main un mouchoir blanc, qu'elle portait souvent à ses yeux. Je l'atteignis : elle tourna la tête de mon côté. Elle était jolie comme un ange, et faite au tour; son petit air gracieux, et chagrin tout à la fois, inspirait pour elle le plus vif intérêt. Elle me salua avec beaucoup d'aisance et de modestie : je lui demandai pourquoi elle voyageait ainsi seule, et pourquoi elle était si triste. Elle me répondit que sa malheureuse destinée l'y condamnait. Comment donc, mademoiselle! repris-je, cette destinée est donc bien barbare, puisqu'elle vous expose ainsi à tous les dangers? Et où allez-vous comme çà? — Au lieu le plus voisin. — Et quoi faire? — Y chercher du service, monsieur. — Comment, du service! vous qui me paraissez faite pour être servie? Ma chère enfant, vous avez quelques peines, et vous êtes sûrement en fuite de la maison paternelle. Elle fondit en larmes. Je la priai de me raconter ses chagrins: peut-être, lui dis-je, pourrais-je vous rendre à vos parens et à vos devoirs. —

Oh! non jamais, monsieur; je ne suis plus digne d'eux. Menez-moi plutôt bien loin, puisque vous me paraissez avoir de l'humanité, et le cœur bon. — Mais, à quoi seriez-vous exposée? — A rien, monsieur. — Comment, à rien! et si quelque téméraire, ou autre personne, voulait vous perdre? — Ah! il ne le saurait : j'ai appris comment on doit mourir.... Je m'arrête, et ne puis dire quel a été le brisement de mon cœur...... Aimable enfant! vous étiez vertueuse; une erreur vous aveuglait; je vous ai rendue à une tendre mère : mon âme est contente.

CHAPITRE XLII.

Opérations militaires. — Mars 1793.

Nous apprîmes avec douleur la mort de M. le duc de Penthiévre, arrivée le 4 mars à Vernon. Depuis long-temps nous ne recevions plus de nouvelles de France; on ne nous permettait plus l'arrivée des journaux : il semblait que la terreur avait paralysé tout le monde. Nous apprîmes que l'armée de Condé allait lever ses cantonnemens, pour rentrer en campagne Cela réveilla l'ardeur de la belle jeunesse qui s'était reposée à Constance: chacun remonta son équipage, acheta des chevaux; et, après avoir reçu des cocardes de la main des belles, on s'en sépara, dans l'espoir d'un meilleur succès.

On savait que dans la Vendée il s'était formé des armées qui combattaient pour Dieu et pour le Roi ; l'émulation releva l'espérance qui, comme je l'ai dit, ne meurt jamais dans le cœur de l'homme.

Je voulus embrasser mes amis, avant leur départ de Rottenbourg, et j'en fis le voyage. Je ne fus pas seul : tout ce qui était de l'armée de Condé quitta Constance ; chacun chemina vers son cantonnement. J'arrivai à Rottenbourg, l'avant-veille du départ de mes amis. Je les trouvai brûlant d'une nouvelle ardeur : le prince la partageait avec eux. L'illusion, qu'avait produite l'offre de Catherine II, était dissipée, et tous aimaient mieux périr pour la cause qu'ils avaient embrassée, que d'aller dans un misérable exil se couvrir de honte, en éprouvant le sort des nobles Polonais dont le sang y fumait encore.

Mes amis avaient passé leur hiver chez le meilleur peuple du monde ; il les vit partir avec chagrin, en faisant des vœux sincères pour le succès de leur entreprise. Les bons habitans de la Forêt-Noire ignoraient encore ce qu'était la révolution : leurs simplicité les rendait indifférens à la politique, et leurs mœurs étaient pures.

Je ne revins à Constance qu'après avoir vu partir mes amis de Rottenbourg, et j'eus le chagrin d'être témoin d'un accident affreux. Plusieurs émigrés venaient à pied, conduisant leurs chevaux par la bride, pour se joindre à leur compagnie qui se rassemblait hors la ville. Un homme, d'un certain âge, voulut franchir un petit fossé, en sautant à pieds joints, comme avaient fait ses camarades; en arrivant de l'autre côté du fossé, son sabre, qui était sorti du fourreau, par la force de l'escousse, se trouva tourné, la poignée vers la terre, et la pointe à la hauteur de la cuisse, où elle entra presque tout entière. Le malheureux tomba baigné dans son sang. Le chirurgien accourut; mais il était expiré. La veine cave était ouverte: deux minutes suffirent pour voir ce respectable père de famille passer de la vie à la mort. Il avait dit adieu, la veille, à sa femme et à ses enfans qui étaient restés à Villingen.

M. le prince de Condé, que je vis, semblait avoir oublié ses disgrâces, et se promettre de grands succès pour la campagne qu'il allait commencer; M. le duc de Bourbon, qui l'avait rejoint, ne s'en promettait pas moins. On voyait déjà se développer, dans le duc d'Enghien, le caractère d'héroïsme qui annonçait un digne successeur du grand Condé. Je ne puis dire avec quel regret je me séparai de tous ces braves, que l'honneur guidait toujours, et dont une nouvelle ardeur avait ranimé la confiance.

Quelque voyage que l'on entreprenne, on est presque assuré de ne jamais être seul : je trouvai compagnie pour revenir à Constance. Un gentilhomme du....., qui était cantonné dans une ferme de la Forêt-Noire, et loin de tout village, eut le malheur d'y tomber dangereusement malade; son état fut assez fâcheux pour être plus de deux mois entre la vie et la mort. La fille du fermier était seule dans la maison, pour donner des soins au moribond qui, indépendamment de son état de souffrance, était dénué de toute ressource. Cette honnête fille, qui d'ailleurs était d'une laideur et d'une tournure à faire reculer le plus brave, se dévoua à secourir le malade ; et, jour et nuit, elle ne le quittait point. Son zèle fut récompensé de toute manière. Le gentilhomme fut arraché au trépas ; et, quoiqu'il ne comprît pas un mot d'allemand, et cette fille, pas un mot de français, il crut ne pouvoir s'acquitter envers elle, qu'en demandant sa main à son père. Le mariage se fit, et ce fut avec ce couple que je voyageai jusqu'à Constance.

Je ferai l'éloge du mari. Il était aux petits soins pour sa laide et dégoûtante moitié ; et je puis assurer, par tout ce que vis, qu'il payait bien ceux qu'il avait reçus ; mais je ne crois pas que ces deux époux aient jamais pu parvenir à apprendre la langue l'un de l'autre. Ce qui étonnera bien davantage, c'est que le mari possédait toutes sortes de talens, surtout celui de la musique.

Nous repassâmes à Stockach, où nous

séjournâmes. J'en profitai pour revoir MM. les comtes de Fugger et de Kraft, qui me reçurent avec leur bonté ordinaire : je revis mon intéresant petit château de Zitzenhausen, où madame de.... et son mari étaient encore. Ils se disposaient à partir pour suivre l'armée de Condé : ils regrettaient ce séjour de paix, où leurs momens s'étaient écoulés d'une manière si douce.

La belle dame dont j'ai parlé plus haut, et qui avait couru de grands dangers dans la ville d'Ach, était encore à Stockach. Peu de femmes possédaient comme elle le talent de la musique : elle avait une des plus belles et des plus agréables voix que j'aie jamais entendues. Lorsqu'elle sut que j'avais un virtuose avec moi, elle m'engagea à l'amener souper chez elle avec sa femme, désirant passer une soirée à faire de la musique. Mon compagnon de voyage accepta, et je présentai les deux époux. Qu'on se représente la plus belle femme du monde, pétrie de grâces, et mise avec goût, avec la plus laide, la plus difforme, la plus dégoûtante et la plus bête! et la surprise de cette belle dame, en considérant un couple aussi singulièrement assorti; car le jeune homme était bien, sous tous les rapports. On concevra ce qu'il dut nous en coûter pour contenir le rire qui sans cesse était près de nous échapper.

Néanmoins, j'eus le plaisir d'entendre exécuter la plus délicieuse musique. Notre petit concert finit par le beau morceau, *ô Richard! ô mon Roi!* qui renouvela dans mon cœur de bien douloureux souvenirs. Je me chargeai de trouver pour cette dame un établissement à Constance, et elle ne tarda pas à s'y venir fixer.

Nous revînmes dans cette ville par Zell, après avoir parcouru la charmante route qui borde le lac inférieur, d'où l'on découvre l'île de Reichnau, qui a près de trois lieues de longueur, et qui renferme de beaux villages avec une célèbre abbaye où l'empereur Charles-le-Gros mourut, et fut inhumé en 888. On y conserve une de ses dents, qu'on montre à tous les curieux qui visitent cette abbaye. De retour à Constance, je déposai mes compagnons de voyage à l'auberge de *l'Aigle* : ils y demeurèrent quelques jours, et de là se retirèrent en Suisse. Cette auberge de *l'Aigle* a été célébrée par l'immortel Montaigne qui y passa, et y fit un repas qu'il cite comme un des meilleurs qu'il ait faits en sa vie. Les temps étaient changés à cet égard ; elle est encore célèbre par un trait qui prouve que les Français ne portent pas toujours la tempérance avec eux. Ils prirent cette ville en 1744 ; ils s'y permirent quelque pillage, entr'autres dans l'auberge de *l'Aigle*, du vivant de M. Méyer, père du propriétaire actuel. Les caves de cette auberge étaient spacieuses et garnies de foudres prodigieux, tous remplis de vin. Les soldats y entrèrent, et, ne trouvant pas de moyens assez prompts pour tirer le vin et boire à leur gré, ils les crevèrent à coups de fusil. La liqueur sortit alors en telle abondance, que les buveurs qui étaient en assez grand nombre, saisis par les vapeurs de celle qui coulait et de celle qu'ils avaient déjà bue, tombèrent dans la cave, et furent tous noyés dans cette mer de vin. Je parlai de cet événement à M. Méyer, qui me dit que le fait était vrai, et que son père le lui avait raconté.

Je ne puis me refuser à répéter ici ce que j'entendis dire par mon nouveau compagnon de voyage, à plusieurs de ses compatriotes qui l'étaient venus voir, et qui, loin de le consoler dans sa triste situation, lui avaient fait sentir, d'une manière un peu dure, qu'il s'était dégradé par une alliance aussi disproportionnée.

« Je savais d'avance, messieurs, le blâme que j'avais à encourir de votre part, et je me suis armé pour me mettre au-dessus de tout vain préjugé, puisque je me trouve sans reproche. Je dois la vie à ma femme, à son père, brave et honnête paysan, qui a sacrifié tout ce qu'il possédait pour me tirer des portes de la mort. Depuis six mois que je suis entré dans cette maison hospitalière, je n'ai pu recevoir ni nouvelles, ni secours de ma famille : j'ai fait une maladie affreuse; pendant deux mois, j'ai été, chaque jour, au moment de mourir. C'est pendant cette agonie que ma femme s'est attachéee à ma destinée, et qu'elle ne s'est pas permis de prendre un instant de repos, de peur d'en perdre un pour me soulager. Revenu de ce péril, je me trouvais redevable et de toute la dépense que j'avais occasionnée à cette famille, et d'une reconnaissance sans bornes pour celle qui m'avait sauvé. Je ne pouvais m'acquitter de cette double dette; j'ai pensé qu'en demandant la main de ma libératrice, je satisferais à tout : le père y a consenti. Je me suis chargé de la rendre heureuse, et elle le sera; car, tant que je vivrai, elle recevra de moi des soins semblables à ceux que j'ai reçus d'elle : il n'est pas dans mon caractère de manquer à un engagement que j'ai contracté. Vous pouvez, messieurs, plaisanter tant qu'il vous plaira sur la laideur de ma femme, elle n'en sera pas moins estimable à mes yeux. Il y en a tant parmi vous qui en ont épousé de jolies, et qui s'en plaignent, que je veux qu'il soit dit que moi, qui ai épousé ce qu'il y avait de plus laid, je n'ai eu qu'à m'en louer. »

Je laissai faire à chacun ses réflexions sur cette union bizarre; et, prenant congé du ménage, je suivis le cours de mes observations.

Les diverses sociétés d'émigrés éprouvaient à Constance plus ou moins de vide, depuis le départ de tous ceux qui avaient rejoint l'armée de Condé. Cette armée devait recevoir une nouvelle organisation, et être comprise dans le cadre de l'armée autrichienne aux ordres du comte de Wurmser, qui, de son côté, devait agir de concert avec une armée prussienne et hessoise aux ordres du roi de Prusse et du duc de Brunswick.

La ville de Spire était le quartier-général autrichien. La campagne parut commencer avec activité ; nous apprîmes qu'il y avait déjà eu des affaires d'avant-postes très-chaudes. Wurmser fit cerner Landau le 14 avril, et le bloqua. Les Prussiens étaient immobiles dans leurs cantonnemens ; le duc de Brunswick ne sortait pas du sien, où il paraissait tout entier à la philosophie et à l'illuminisme. Nous sûmes que Dumourier avait déserté la France le 5, et avait fait une capitulation avec Mgr le prince de Cobourg ; qu'ensuite il s'était enfoncé dans l'Allemagne, où il avait la prétention de se faire présenter aux souverains des pays qu'il traversait. Ayant voulu voir l'électeur de ce pays, voici la lettre qu'il en reçut :

De Bonn, le 16 mai 1793.

« J'ai reçu, monsieur, votre lettre « du 12, et j'ai été fort étonné d'appren- « dre que vous étiez encore à Mergen- « theim. J'avais espéré que vous rendriez « justice aux ménagemens que j'avais pris « en ordonnant à mon *stadhalter* de vous « engager à choisir un autre domicile ; mais « il me paraît que vous cherchez, par votre « lettre, une explication ultérieure de mes « sentimens, que je ne veux pas tarder à « vous donner.

« La France, travaillée dans son inté- « rieur par différentes factions sans prin-

« cipes, ne m'inspirait, dans le commen-
« cement, que de la pitié, qu'une portion
« de scélérats a su, par ses forfaits, con-
« vertir en horreur. J'avais considéré ce
« qui se faisait comme des actes de dé-
« mence ; et, quoique moi-même et l'or-
« dre teutonique dont la direction m'est
« confiée, y faisions des pertes considé-
« rables, je les ai regardées comme un cas
« de malheur, et je me flattais de voir un
« nouvel ordre de choses s'établir au mo-
« ment de la résipiscence. Tout esprit
« d'ordre et de gouvernement était bou-
« leversé en France ; mais tout le reste de
« l'univers était tranquille. Ce n'est qu'à
« vous, monsieur, et à votre ministère,
« qu'on est redevable d'avoir entraîné la
« plus grande partie de l'univers à se mê-
« ler de ses malheureuses affaires. C'est
« vous qui avez, le premier, décidé la
« France à porter ses armes dans un pays
« étranger, à attaquer ses voisins, et à
« chercher à y étendre ces fléaux qui la
« déchirent dans son sein. Le sang versé,
« les impositions et les vexations cruelles

« qu'entraînent une guerre aussi générale
« que désastreuse pour la France, ainsi
« que pour tout l'univers, retombent sur
« vous comme le premier auteur de ces
« calamités ; et la manière distinguée et
« brillante dont vous avez commandé les
« armées ne peut excuser ni faire oublier
« les maux que vous avez causés à l'hu-
« manité. Je ne parle pas de la façon dont
« vous avez quitté l'armée française ; mon
« jugement, dirigé uniquement comme
« celui d'un particulier, par les sentimens
« d'honnêteté, de loyauté et de probité,
« pourrait ne pas vous convenir ; et je
« suis charmé pour vous que vous ayez
« pu prendre pour marque d'estime la
« curiosité des peuples, de voir l'auteur
« de leur malheur, et l'objet de leur crainte,
« hors d'état de leur nuire davantage.

« Ce ne sont pas vos principes, mais les
« circonstances qui ont changé ; et si les
« grandes puissances croient que vous
« puissiez leur être utile, ou si vous croyez
« qu'elles vous soient redevables, je vous
« assure que pour moi, comme simple parti-

« culier, chargé de l'administration de quel-
« ques contrées qui m'ont bien voulu élire
« pour leur chef, je ne puis penser de même,
« ni me mettre en aucune relation avec
« vous; mais je dois plutôt réitérer les
« ordres à mon *stadhalter* d'accélérer
« votre départ.

« C'est dans ces sentimens que je
« suis, etc. »

La ville de Constance était devenue tout à la fois le centre de la politique, de la théologie et de la galanterie. On y recevait alors les nouvelles de tous les pays, et tout le monde y prenait part. Vingt-deux évêques, plus de deux mille prêtres, moines; et de plus, les nobles chanoinesses et les religieuses, passaient naturellement de la politique aux matières de la religion. Quant aux belles dames, la galanterie, la mode et la critique remplissaient leurs loisirs. Je ne veux pas oublier une classe particulière qui croissait à vue d'œil, et dont une partie, en priant pour le prochain, le désolait de toutes les manières : c'était celle des bigotes. J'aurai à parler de toutes les classes en particulier ; je vais auparavant rapporter ce qu'on nous mandait de l'armée de Condé.

« Nous sommes dans la plus grande activité : chaque jour on tire force coups de fusil et de canon ; les alertes se succèdent jour et nuit sans discontinuer, et quelques affaires de postes nous ont déjà coûté du monde.

« Le roi de Prusse est venu voir Mgr. le prince de Condé qui lui a donné un déjeuner vraiment royal : ce monarque a ensuite visité toutes nos positions, et est allé se reposer dans les bras de quelque belle dont il est amateur, après nous avoir fait rétrograder de quatre lieues, à notre grande douleur.

« Le 17 maï nous avons eu au village de Bert une affaire chaude, qui a duré depuis six heures du matin jusqu'à onze. Notre artillerie, qui n'était servie que par des officiers de ce corps, a été enlevée ; mais ce n'a été qu'après la mort du dernier, le brave Charbonel, qui a expiré sur son affût, après avoir reçu trente blessures au moins. Cette artillerie était mal postée, et cela, par un adjudant autrichien; elle n'était soutenue de personne, et les quinze braves qui la servaient y ont péri, et voilà comme on nous sacrifie.

« Il s'en est suivi une explication très-vive entre le baron de V***, qui commandait notre avant-garde, et le général Wurmser. Les Autrichiens qui lui étaient adjoints l'avaient abandonné la nuit, sans l'avertir, de sorte qu'il s'est trouvé tourné par une colonne ennemie qui avait pris la place des Autrichiens: il a dû à son activité et à ses talens d'échapper au péril où il était exposé.

« M. de Wurmser, mal instruit, lui supposait des torts; mais le baron le prévint, et, après lui avoir prouvé ceux des Autrichiens, il dit au général-commandant: Monsieur, je ne vois que trop clair sur la destinée qui nous attend, ce qui me décide à prendre congé de vous; j'étais venu me ranger sous vos ordres, dans l'espoir d'y apprendre quelque chose; si j'y restais plus long-temps, je deviendrais une bête.

« Nous avons perdu un bon officier; je crains que ce ne soit pas le dernier. Je ne sais ce qui se prépare; mais, le 19, M. de Wurmser est parti pour une mission secrète, et nous a laissés sous les ordres du vieux général Spleni. Depuis qu'il nous commande, les alertes ne sont pas moins fréquentes; mais nous sommes retranchés d'une manière formidable : on a abattu presqu'une forêt entière pour couvrir notre front; à quoi cela nous servira-t-il? Je ne vois pas qu'il soit question d'aller en avant.

« Les Autrichiens sont campés à notre droite, au nombre de 35,000 hommes, et leur position est imposante. Quant aux Prussiens, il faut que je vous raconte leur étrange manière de se camper; j'ai désiré voir ce camp que l'on nous vantait beaucoup. Il était à plus d'une lieue sur la droite de celui des Autrichiens, placé sur une hauteur dans une superbe position, sa droite appuyée au village ou bourg d'Edichoff, quartier-général du duc de Brunswick, qui n'en bougeait pas; la gauche, derrière Feningen,

Ce camp était sur deux lignes : on ne l'avait établi que pour la montre, car toutes les tentes étaient vides. Nous vîmes seulement quelques dragons qui y étaient pour la garde à la droite et à la gauche ; au centre étaient quelques compagnies du régiment de Cleist, infanterie, avec lesquelles nous faillîmes avoir une affaire. Lorsqu'ils nous aperçurent, ils se portèrent en tumulte à leurs armes, et plusieurs se permirent de crier : *F.... Franzos*. Nous mîmes aussitôt le sabre à la main : comme nous formions une petite troupe de dix-huit à vingt cavaliers, ayant avec nous quelques officiers autrichiens, nous nous plaçâmes en bataille devant eux, bien résolus de sabrer s'ils eussent fait un mouvement contre nous ; mais un officier qui les commandait vint à nous, nous dit beaucoup de choses obligeantes, et chercha à nous persuader que ces soldats n'avaient pris les armes que pour nous rendre les honneurs. Nous y répondîmes alors de notre mieux en feignant de le croire. Après avoir rendu le salut, nous nous rompîmes en ordre, et continuâmes notre chemin.

« L'officier nous accompagna jusqu'à ce que nous eussions dépassé le camp. Pendant notre marche, il nous fit une histoire qui nous prouva que les Prussiens n'agissaient pas de bonne foi; il prétendit, que la veille, ils avaient eu une affaire très-chaude avec l'armée française, et qu'ils leur avaient tué au moins trois ou quatre mille hommes. Il est vrai qu'on avait canonné tout le jour, mais pas un homme de part ni d'autre n'était sorti, et cette canonnade n'était que simulée. Que penser des intentions de M. de Brunswick par ces ruses et par cette feinte d'être campé, lorsqu'il demeure tranquille?

« Je finirai cette lettre en vous faisant observer encore que je ne sais ce que je dois penser des intentions des Autrichiens. M. de Wurmser a près de lui un certain R**, Français, qui a séjourné long-temps à Vienne, et qui fait imprimer des proclamations bien bizarres, qu'il fait circuler en Alsace et jusqu'en Lorraine : ne propose-t-il pas aux uns et aux autres de rentrer sous leur ancienne domination? Vous êtes bon et sage, vous en tirerez les conséquences que vous voudrez; mais, pour moi, mon cœur souffre : je suis Français, c'est tout vous dire.

« Encore un événement tragique, que je ne vous raconte pas sans un nouveau saisissement d'indignation. Je me suis trouvé dans une affaire d'avant-postes, mêlé avec les Pandours autrichiens et les Mirabeau. Le combat a été très-vif, et le succès incertain; mais pendant l'action, M. de....., âgé de soixante-cinq ans, ancien gendarme de la garde, et qui avait quitté son château pour venir joindre les princes, est malheureusement tombé entre les mains des Français, qui, sans lui donner le temps de se reconnaître, l'ont fait mettre à genoux, lui ont bandé les yeux, et l'ont fusillé... Et nous, chaque prisonnier qui nous tombe entre les mains, nous le traitons en frère.....

« Adieu, mon ami, en attendant que je vous mande ce qu'il y aura de nouveau. Le roi de Prusse fait le siége de Mayence, et nous avons ordre de cette majesté de ne pas aller en avant. Si je reconnais, comme je le crains, que l'on nous joue, je vais planter des choux dans un petit jardin de la Suisse, en attendant le dénoûment de tout ceci. »

On avait reçu à l'armée de Condé la proclamation du général Gaston, commandant l'armée royaliste dans la Vendée ; elle était datée du 30 avril 1793 : elle produisit un effet qui inquiéta Mgr. le prince de Condé. On se disait : Que faisons-nous aux bords du Rhin ? Nous combattons pour les prétentions de l'Autriche, de la Prusse et de l'Empire, rien ne s'y fait pour la cause de l'héritier de Louis XVI ; nous aigrissons les Français, et nous desservons notre Roi légitime. C'est à la Vendée que l'on soutient sa cause, c'est à la Vendée que flotte l'étendard royal : allons-y. Si nous succombons dans notre entreprise, au moins aurons-nous montré que nous étions Français fidèles aux vrais principes monarchiques, et nous mourrons dignement ; si nous triomphons, alors, réunis à tous les Français, nous reviendrons punir la maison d'Autriche, celle de Brandebourg et ces princes de l'Empire, contre lesquels la foudre des vengeances célestes doit éclater un jour, pour avoir trompé notre infortuné Monarque, nos princes et une noblesse franche et loyale.

Quelques-uns des officiers du prince lui avaient fait entendre que son poste véritable serait à la Vendée, où, dirigeant une guerre civile, il soutiendrait légitimement la cause pour laquelle il avait pris les armes, et n'exposerait pas la France à une invasion d'étrangers dont les intentions étaient suspectes. Des motifs apparemment plus puissans en décidèrent autrement, et le temps a fait connaître de quel côté était la raison. Je donne ici des fragmens de la proclamation de Gaston, peu connue aujourd'hui.

« Habitans de toutes les villes, de toutes les campagnes de France, et vous, peuples de toutes les contrées de l'Europe, c'est à vous que l'humanité s'adresse; c'est vous qu'elle invoque, c'est vous qu'elle conjure d'être les vengeurs du malheureux

Louis XVI, d'être les vengeurs de la France entière; c'est vous qu'elle conjure de sauver le plus beau royaume de l'univers des malheurs que les scélérats lui préparent. Qu'ils sont déjà grands ces malheurs! et que la mort de Louis va en approfondir l'abîme! Quoi! les Français ont fait une révolution pour corriger quelques abus, et ils sont plongés sous le joug de la plus odieuse, de la plus cruelle des tyrannies! Quoi! ils ont voulu couvrir un *déficit* de soixante-six millions, et ils ont accru la dette annuelle de plus de six cents millions! Quoi! ils étaient en paix avec toute l'Europe, et ils sont en guerre avec tous leurs voisins! Quoi! ils avaient des colonies riches, tranquilles, heureuses, et un commerce florissant, et tous ces biens, toutes ces ressources sont incendiés, évanouis! Quoi! toute la France jouissait d'une tranquillité parfaite; la religion y était observée, les lois étaient respectées, les autorités protectrices, et aujourd'hui la France est déchirée par les factieux, ensanglantée par la tyrannie et la guerre civile; la religion y est avilie, les lois sont foulées aux pieds, les propriétés envahies, les citoyens emprisonnés, jugés et égorgés, selon le caprice d'une foule de bandits et de scélérats qui ne se repaissent que de crimes et de sang! et tous les vrais Français, et tous les peuples de l'univers ne se réuniront pas pour exterminer ces monstres régicides et sacriléges!

« Français, la guerre que je fais aujourd'hui, je la fais pour vous : c'est celle de la vertu contre le crime; c'est celle de l'honneur contre l'infamie : mon triomphe est certain. Français, accourez; tous vos intérêts, vos biens, vos femmes, vos enfans, votre repos, votre honneur, le salut de la France entière vous l'ordonnent: terrassons les monstres qui ont assassiné notre Roi; arrachons-leur une autorité que rcélame Louis XVII, que réclame le bonheur de la France entiere, que réclame la nature.

« Oui, la nature! La nature a été cruellement déchirée par ces infâmes; elle a été indignement outragée dans la personne du

Roi ; elle a été outragée lorsque le Roi, réclamant l'appel du jugement de ses assassins à son bon peuple, à ses bons et vertueux sujets, n'a pas obtenu cette justice ; elle l'a été encore plus lorsque cet infortuné Monarque, demandant avec instance un sursis de trois jours, pour se préparer à paraître devant Dieu, n'a pu obtenir cette grâce, qu'on ne refuse pas aux plus vils scélérats ; enfin elle l'a été lorsque ce malheureux Prince, près de tomber sous le fer qui a tranché sa tête, n'a pas eu même la liberté d'attendrir ses sujets, comme homme, quand il n'avait plus la possibilité de l'intéresser comme Roi ! lorsqu'on lui a ravi la douceur de faire ses derniers adieux à son peuple, et de verser avec lui quelques larmes sur les malheurs que sa mort lui a préparés! Le cœur est navré d'affliction quand on se pénètre des malheurs de Louis, et des horreurs qu'on lui a fait souffrir ; mais le cœur se brise alors qu'on contemple ce vertueux Monarque dans ses derniers momens ; quand on le considère appelant son épouse, ses enfans, sa sœur, leur tendant les bras, ne les trouvant plus, ne les entendant plus; quand on pense qu'à la place de ces êtres augustes et adorables, il n'aperçoit autour de sa personne royale que des hommes dégoûtans de crimes et de sang, qui dévorent son âme en idée, et qui ont épié jusqu'à ses pensées, pour y trouver des raisons de le rendre coupable; enfin quand on le considère au milieu de ses bourreaux, conservant toute sa fermeté, toute sa raison, pour tracer un testament qui est comme le réservoir de sa belle âme; un testament qui est le monument le plus touchant de toutes les vertus personnelles, de toutes les vertus royales, de toutes les vertus humaines.

Ah! peuples de l'univers, pleurons un si grand Roi, un si malheureux, un si vertueux Prince! La religion, l'humanité nous en conjurent, en même temps qu'elles nous ordonnent de le venger. Vengeons l'humanité, la religion, l'honneur et la France.

« Guerre, guerre aux assassins de Louis le Juste! obéissance à Louis XVII! marchons; écrasons nos tyrans; égorgeons tous les traîtres; renversons l'arbre, symbole du crime; faisons fleurir les lis, symbole de la candeur et de la vertu; relevons le trône de nos Rois; replaçons sur ce trône illustre leur auguste héritier et légitime successeur; soyons soumis au Dieu de nos pères; aux lois de la nature, et la France sera sauvée, et nous serons encore dignes de l'honneur attaché de tout temps au nom français. »

Signé, GASTON.

Cette proclamation fit un grand effet à Constance; on crut que la moitié de la France allait courir à la Vendée, que les princes viendraient se mettre à la tête des braves qui se dévouaient à la cause du Roi, et que bientôt tout rentrerait dans l'ordre : c'est ainsi que l'imagination se berçait d'espérances mensongères, sur les plus légères apparences de succès.

CHAPITRE XLIII.

Affaires religieuses et autres. — Juin 1793.

PENDANT ce temps-là la ferveur chrétienne prenait un accroissement remarquable dans la colonie de Constance. Les vingt-deux évêques, qui n'étaient pas toujours d'accord, leurs grands-vicaires, les curés et autres ecclésiastiques, avaient formé des oratoires, où l'on voyait arriver journellement de nouveaux prosélytes; les confessionnaux ne désemplisaient pas, et la chaire de vérité était tantôt occupée par des évêques, tantôt par leurs grands-vicaires, et autres orateurs zélés, dont l'auditoire était toujours plein.

De pieuses chanoinesses, prieures ou doyennes, quelques révérendes religieuses, et autres dames, ou veuves, ou demoiselles, mûries par le temps et les événemens, avaient formé de petits synodes où se traitaient mystérieusement les affaires de conscience et de religion. Chaque synode particulier s'attachait à faire des recrues; peu à peu on se trouva environné de toutes parts de théologiennes qui décidaient, tranchaient en matière canonique de la manière la plus absolue. Les évêques recevaient de ces comités mille instructions charmantes, quelquefois même des remontrances.

Aux dévotes surannées s'étaient réunies de jeunes commensales dont le zèle n'était pas moins ardent, et les décisions moins tranchantes. De pauvres maris en éprouvèrent de terribles effets : ils ne faisaient plus rien de bien; jour et nuit on leur créait des cas de conscience de la plus étrange bizarrerie. Je n'oserais en citer, de peur de paraître exagéré; je dirai seulement qu'un de mes amis, époux depuis dix ans, et père de famille, reçut de madame son épouse l'intimation de ne plus se coucher sans avoir de gants. Madame s'était fait des chemises de nuit semblables à des sacs : les pieds y étaient enfermés, et elles se nouaient sous le menton.

Il était du bon genre de rechercher la société des évêques, et rare de trouver messeigneurs, sans avoir quelque vieille dévote auprès de leur grandeur. Je ne puis taire la surprise que j'eus un jour, en allant visiter un évêque de mon ancienne connaissance ; je trouvai sa grandeur, les pieds sur un tabouret, et une demoiselle que je connaissais aussi, occupée à lui couper humblement des cors et les ongles, pendant qu'il disait son bréviaire.

Je n'ai jamais vu autant de ménages se désunir, que depuis cette nouvelle ferveur ; les femmes ne se parlaient plus que mystérieusement : elles ne montraient plus que le blanc des yeux, à force de les lever vers le ciel. On se communiquait de petites prières faites tout exprès pour la circonstance ; les unes avaient le don des indulgences, les autres annonçaient des prophéties, et le tout était débité avec un enthousiasme incroyable.

A Dieu ne plaise qu'en rapportant toutes ces choses, je prétende critiquer ce qui est louable; il y avait véritablement, dans ce concours, un grand nombre de personnes édifiantes à qui les momeries faisaient pitié. Si, dans cette réunion de confesseurs de tant de pays et de caractères différens, il y en avait de misérables, d'ignorans, de superstitieux, et même de fourbes, il y en avait aussi d'orthodoxes, et d'infiniment respectables; mais ils ne convenaient pas aux bigotes, à qui tout ce qui est raisonnable paraît ridicule. Quelques prédicateurs distingués étaient suivis, et méritaient de l'être : on ne pouvait les entendre sans intérêt. Je me trouvai, un jour, au milieu d'un auditoire immense qui écoutait un vieux chanoine : ce prédicateur tonnait contre la perversité du siècle. Quel fut mon étonnement, lorsqu'aux trois quarts de son discours, en parlant des anges, je l'entendis les appeler *citoyens du ciel!* Il s'éleva tout-à-coup une rumeur si violente de tous les côtés de l'église, qu'il fut impossible à l'orateur de continuer. Il est certain que, d'après l'abus effroyable qu'on faisait en France de ce titre de citoyen, il était permis d'en être effarouché, en l'entendant prononcer aussi solennellement dans le sanctuaire de la paix.

Quelques littérateurs confièrent d'assez bons ouvrages à la presse : il y en avait une à Constance, et qui était fort occupée.

L'absence est toujours funeste aux sentimens les plus aimables et les plus respectables : plus d'un mari l'éprouva. Pendant qu'ils combattaient vaillamment contre nos ennemis, leurs faibles moitiés n'avaient pas la force d'opposer de la résistance aux attaques des soi-disant amis qu'ils avaient laissés près d'elles. Une de nos belles apprend que son mari est blessé : elle y paraît sensible ; mais son amant vient de l'être aussi : elle part, et vole avec la rapidité du nuage, pour aller bander sa plaie. Elle ramène le nouveau Tancrède, qui, plus heureux que le premier, revient à la vie, retourne aux combats, et fait place à un autre consolateur, qui non-seulement le fait oublier, mais enlève la belle qui disparut pour nous, pour son mari, et ses amans.

Le récit de tant de petites intrigues serait interminable, et n'apprendrait rien : c'est toujours l'amour qui en fait la chaîne et le dénoûment ; mais je ne puis résister à l'envie de raconter deux histoires de ce genre, dont l'une est trop piquante, et l'autre trop scandaleuse, pour n'être pas rapportées.

Une bigote, que j'aurai peut-être déjà désignée, avait un frère qu'elle aimait beaucoup. Il était aimable, et d'une grande ressource dans la société ; il y jouait souvent des proverbes, dont il s'acquittait à merveille. Une belle dame, qui avait joué quelques rôles avec lui, lui inspira une passion très-vive ; il la lui déclara, mais sans succès. La belle dame était amie de sa sœur, et celle-ci veillait avec tendresse au au salut de ce frère chéri, dont elle voulait faire un élu : elle en fit un en effet, mais d'une tout autre espèce.

Un jour qu'il avait été éconduit par sa

belle, il rentra chez lui fort affligé, et dans un tel état, que sa sœur en conçut de l'inquiétude. Qu'avez-vous donc, mon frère? lui demanda-t-elle. — Ma sœur, je suis malheureux, et d'autant plus malheureux, qu'en vous en disant la cause, vous ajouterez au chagrin qui m'accable. — Comment! mon frère, vous avez du chagrin et vous me le cachez? Ah! mon frère, aurais-je perdu votre confiance? contez-moi cela, mon ami. — Vous m'accablerez davantage si je vous le confesse. — Non, non; contez-moi ça, vous dis-je. — Eh bien! ma sœur, je suis amoureux. — Et de qui donc? — De madame***. — Cet amour est bien placé; madame *** est vertueuse: elle ne peut manquer de vous entretenir dans la route du bien. — Oui, du bien; elle me déteste, ma sœur. — Non, mon frère; elle ne peut vous détester, elle sait que nous devons nous aimer les uns les autres. — En ce cas, faites-moi donc rentrer en grâce auprès d'elle; car elle m'a donné mon congé. — Oh! contez-moi ça, mon frère; je le ferai: contez-moi ça. — On n'est-pas maître de son cœur! j'adore madame ***; il y a long-temps que je brûle d'obtenir ses faveurs : je me suis enfin jeté à ses genoux pour le lui déclarer. — Eh bien! qu'a-t-elle répondu à cela? — Elle m'a chassé. — Mais, que lui demandiez-vous donc? — Faut-il vous le dire? la dernière faveur. — Ah! mon frère, et votre salut! y pensez-vous? — Point de salut sans cela, ma sœur. — Ah! mon ami, c'est le démon qui vous tente : rejetez la tentation. — Impossible, ma sœur, impossible; si je n'obtiens pas cette faveur, il faut que je meure. — Ah! plutôt mourir moi-même! — Cela ne me sauvera pas, ma sœur; je vous en conjure : parlez pour moi, ou c'en est fait. — Y pensez-vous? moi, être l'apôtre du démon! moi, m'employer pour vous damner! — Tenez, ma sœur, si vous ne le faites pas, vous n'aurez plus de frère : je mourrai. — On ne meurt pas de ça, mon frère; on en guérit. Je vais me mettre en prière; je ne me ferais pas à l'idée que, pour une passion aveugle, vous exposassiez votre âme. Mon amie est bien jolie, j'en conviens, mais.... — Ce sera bien pis, ma sœur : on est à coup sûr damné quand on se tue, et je me tuerai si vous ne m'obtenez ce que je demande.

Je tiens cette conversation de la personne qui l'entendit, et qui me la rapporta le lendemain. La chronique ajoute que la sœur, convaincue par les raisons du frère, préféra l'espoir de la rémission d'un péché à la certitude de sa damnation par un suicide, et que la dame aimée, se laissant aussi convaincre par la dévote, il en résulta au bout de neuf mois deux jolies petites filles.

Voici l'autre histoire :

Monsieur et madame de** goutaient, dans leur union, la paix et le bonheur d'élever à la vertu un enfant charmant; ils réunissaient les mœurs et la décence à une piété simple et éclairée. Un jour ils allèrent rendre visite à l'évêque de**; ils trouvèrent chez lui un abbé qui, sous un air humble et bénin, s'appitoyait sur le sort des malheureux, et se donnait pour un apôtre de charité. L'evêque demanda à M. de ** s'il avait des nouvelles de ses parens; celui-ci répondit que non-seulement sa correspondance avec la France était interrompue depuis long-temps, mais même que des sommes d'argent qui lui avaient été annoncées ne lui étaient point parvenues, et que sa femme et lui ne subsistaient plus que du produit de leur travail.

L'abbé parut touché jusqu'aux larmes de ce récit. La beauté de la dame excita son apparente sensibilité; il offrit ses services, et protesta de son zèle, pour être utile. Le genre d'ouvrage dont s'occupait madame de** lui parut d'un prix infini; il obtint d'elle qu'elle lui en confiât une partie, l'assurant de la placer avec avantage. Il fit plus: il promit, par le moyen des intelligences qu'il avait en France, de recouvrer bientôt les sommes égarées, d'y faire parvenir avec sûreté les lettres de cette intéressante famille, et d'y rétablir une correspondance qui ne serait plus interrompue. Il y réussit en partie.

Cet homme, d'un génie ardent et actif,

ne s'en tenait pas à une seule affaire, il en faisait marcher plusieurs de front. Il capta la confiance de M. et madame de **, comme il avait déjà obtenu celle de plusieurs familles. Dans toute la société on ne parlait que de son obligeance, de la fertilité de ses ressources, et surtout de sa sainteté.

Malgré la répugnance que M. de ** avait eue toute sa vie pour se confier à des gens de sa robe, l'abbé fut introduit chez lui, sur les instances de sa femme, à qui il ne savait rien refuser. Celle-ci, simple, bonne et pieuse, s'était mise sous la conduite spirituelle de mademoiselle de **. Cette nouvelle Magdelaine, qui coupait les ongles des pieds de son évêque pendant qu'il disait son bréviaire, était une espèce de Gertrude encore fraîche, bavarde et curieuse, se mêlant de tout, affichant la dévotion la plus scrupuleuse et la plus outrée, qu'elle savait accorder avec une passion folle pour la mode. Ce grand-vicaire femelle était dans la plus grande intimité avec l'abbé; elle l'ancra dans ce ménage, où il eut le talent de se rendre nécessaire.

Cette nouvelle liaison apporta un changement étonnant dans l'intérieur de la famille. Le travail de madame de ** fut remplacé par des visites d'églises, des sermons, des conférences, des initiations à des confréries, à des synodes particuliers, etc. Toutes ces nouveautés affligèrent M. de **; il en fit des représentations à sa femme, mais il était trop tard. Elle lui répondit, d'un ton tranchant, que l'œuvre du salut devait l'emporter sur toute autre considération, et qu'elle était résolue à s'en occuper uniquement.

Dès lors la douceur aimable de cette femme, qui avait fait le bonheur de son ménage, se convertit en une censure aigre qui retombait sur son mari. Elle alla jusqu'à lui dire que, depuis les premiers temps de leur mariage, ils n'avaient cessé d'être en état de péché. Le mari invoqua les maximes même de l'Evangile, et l'autorité de saint Paul, et les opposa en vain à sa femme qui se voua à la vie mystique. Ce fut bien pis encore pour lui que de coucher avec des gants, il fallut supprimer tout ce qui pouvait donner une idée de l'amour : se tutoyer, s'embrasser, être en tête à tête, était un crime avec tout autre qu'un évêque et un prêtre. Les sottises de ceux-ci, et ils en faisaient quelquefois, devaient toujours être louées. Ils étaient infaillibles; oser les blâmer, était un scandale ou une cause de réprobation.

M. de ** avait trop d'esprit et d'usage pour approuver la conduite de sa femme, et ne pas chercher à la tirer de l'abîme où on l'entraînait. Il l'aimait tendrement, et jusqu'alors elle l'avait payé de retour; il essaya donc de raisonner avec elle, de lui montrer l'exagération de ses principes : il ne fut point écouté. L'abbé, appelé en tiers dans ces entretiens, n'avait pas manqué d'approuver madame. Les choses en vinrent au point que M. de **, malheureusement trop tard, voulut expulser le prêtre de chez lui, et lui signifia de n'y plus reparaître. J'obéirai, monsieur, répondit celui-ci; mais vous ne pouvez m'empêcher de faire observer à madame que son âme est compromise ainsi que la vôtre. A ce propos un bâton, brusquement saisi, fut le signal du départ de l'abbé; il fit prudemment de ne pas le différer.

Mais que d'aigreur il laissa après lui! Combien de reproches le mari eut à supporter, pour avoir chassé un drôle de chez lui! On l'accusa d'avoir commis un sacrilége, d'avoir outragé la religion. Il se tint à ce sujet plusieurs conciliabules secrets entre la béate protectrice de l'abbé, trois ou quatre chanoinesses de la parenté, et l'abbé lui-même. Le résultat fut qu'un beau matin M. de *** trouva sur sa table, à son lever, la lettre suivante :

« Ce ne sera, monsieur, qu'à votre conduite que vous devrez imputer la cause de mon départ. Si je fusse demeurée plus long-temps avec vous, c'en était fait de mon salut; en conséquence, j'ai pensé qu'il était de mon devoir de m'éloigner et d'aller me fixer dans une retraite où je pourrai me livrer sans trouble au soin de ce salut auquel vous devriez penser pour vous-même. Mon enfant, dans l'âge tendre où il est, ne peut demeurer qu'avec moi ; c'est pourquoi je l'emmène.

« M. l'abbé ***, dont la vertu et la bienfaisance ne devraient pas être contestées, a daigné abandonner le soin de son troupeau pour m'accompagner dans la retraite qu'il s'est chargé de me trouver.

« Je ne vous fais pas mes adieux, espérant que, lorsque vous serez revenu à des idées plus religieuses, nous pourrons nous réunir. En attendant, je vous assure de tous mes sentimens. »

Quel fut le dénoûment de l'intrigue perfide de cet abbé ? Il conduisit sa victime à Lausanne ; là, il mit son cœur abominable à découvert : il osa declarer à cette femme vertueuse et crédule la passion la plus effrénée, et il reconnut enfin qu'elle était incorruptible. Il voulut lui persuader qu'après la démarche qu'elle avait faite, elle n'avait plus d'autre ressource que de rentrer en France ; et ce fut à Lausanne que, dans la crainte de se voir démasqué, il voulut employer la violence pour l'y faire reconduire.

Mais le crime seul tremble; la vertu demeure inébranlable. Le monstre, frémissant devant l'objet qu'il s'était flatté de corrompre, se prosterna, baisa la terre, protesta de son repentir, demanda, comme la plus grande grâce, que le silence le plus profond fût gardé sur ce qui venait de se passer, afin de conserver une réputation dont il tirait son lustre et son existence. On eut la générosité, malgré l'énormité de sa faute, de la lui accorder.

Madame de *** rejoignit peu de temps après son mari; mais ce ménage, jadis si heureux, est resté désuni. Madame de ***, qui était dévote, de bonne foi, mais qui manquait de lumière, a porté l'exagération au dernier degré.

La masse des ecclésiastiques, que le malheur avait réunis à Constance, était loin de ressembler à cet indigne prêtre. Pour prouver combien elle était pure, je citerai quelques traits qui, par leur édification, feront un contrepoids capable d'effacer les impressions défavorables que les ennemis du culte catholique voudraient répandre sur ses ministres ; mais je dirai auparavant que la dévotion outrée et mal entendue est plus pernicieuse que l'hérésie. Le bigotisme ne s'attache qu'aux choses extérieures du culte, et en néglige la pratique intérieure ; il voit la religion plutôt dans le prêtre que dans les œuvres que prescrit l'Evangile : aussi, n'est-ce pas chez les personnes les plus scrupuleuses qu'il faut chercher les meilleures idées, ni les meilleurs principes.

J'ai déjà dit qu'on avait établi à Constance des tables communes. Cet établissement ne parut pas suffisant pour adoucir les peines auxquelles les privations exposaient un grand nombre de personnes ; M. l'archevêque de Paris loua une maison spacieuse, la fit meubler convenablement pour y recevoir des malades, et forma une infirmerie commode, dont une partie fut destinée aux hommes, et l'autre aux femmes. Je dois dire, à la louange de toute la colonie, que le zèle et l'empressement avec lesquels chacun contribua, soit en linge, lits, autres effets, ou en argent, est sans exemple. Beaucoup de bourgeois de la ville imitèrent ces actes de charité.

Tous les prêtres s'offrirent pour être infirmiers; les anciennes religieuses, les chanoinesses et autres dames charitables en firent de même : j'y ai vu plusieurs évêques qui ne se montraient pas moins jaloux de soulager l'humanité souffrante. Je ne crois pas qu'on ait vu nulle part un hospice mieux administré, sous tous les rapports.

Si toutes ces bonnes âmes gémissaient à cause des calamités qui accablaient la France, si elles en éprouvaient les cruels contre-coups, elles priaient sincèrement, et de bonne-foi, pour la cessation de ces malheurs et pour la conversion de la horde révolutionnaire. La chapelle de l'infirmerie était spécialement consacrée à ces prières. Je ne puis m'empêcher d'en rapporter une; elle mérite d'être connue et adoptée par toutes les âmes vraiment religieuses.

Prière pour fléchir la colère de Dieu dans un temps de persécution.

« Dieu tout-puissant, vous voulûtes, et l'univers fut ; un seul acte de votre volonté suffit pour le replonger dans le néant. Vous dites à la mer : Là ton courroux expire, et toujours un grain de sable brisera la fureur de tes flots. Vous voulez, et les eaux qui doivent sauver Israël vaincu lui ouvrent un passage, qu'elles referment sur ses vainqueurs ; les élémens s'apaisent et s'irritent pour exécuter vos lois ; toute la nature enfin obéit à son Auteur.

« Infiniment juste comme infiniment puissant, ô mon Dieu, vous devez donc armer la nature toujours soumise contre l'homme qui seul vous désobéit. Oui, mon Dieu, vous dûtes nous accabler de tout le poids de votre colère ; votre nom n'était plus que sur nos lèvres, et nous n'avions plus d'autre dieu que nos passions. Nous avions prostitué nos cœurs comme vos temples et vos autels à ces infâmes idoles ; nous avons donc mérité mille fois de votre justice des maux mille fois plus grands que ceux qui nous accablent.

« Mais votre miséricorde égale votre justice et votre puissance. Ninive était condamnée à périr ; Ninive coupable se couvrit de cendres, et vous pardonnâtes à Ninive pénitente.

« Esther implora votre clémence pour un peuple condamné à la mort, et les larmes d'Esther furent exaucées. Ce peuple n'avait pas profané la religion de Jésus-Christ, et nous fûmes plus coupables que lui ; mais il ne vous offrit que les larmes d'Esther, et Jésus-Christ vous a offert son sang pour nous.

« Nos vœux, nos sacrifices, notre repentir lui-même ne sont plus dignes que de votre éternel courroux ; mais vous nous assurez que vous ne rejetez jamais la prière d'un cœur contrit qui espère encore en votre miséricorde. Puisque vous nous avez éclairé sur la profondeur de l'abîme où nous sommes tombés, vous ne nous avez donc pas abandonnés sans retour ; puisque vos châtimens ne nous ont pas fait méconnaître les commandemens que nous avions transgressés, et n'ont pas mis le comble à des crimes plus multipliés que les sables de la mer, vous êtes encore le Dieu qui pardonne : nous sommes encore vos enfans, et vous êtes encore notre père. Nos malheurs peuvent donc encore expier nos erreurs, nos égaremens et nos crimes.

« Faites, Seigneur, que cette espérance ne nous abandonne jamais ; qu'étrangers dans notre propre patrie, ou errans sans patrie ou sans asile, comme la feuille transportée par les vents, la froide indifférence des étrangers, les injures des nôtres, plus cruelles encore, l'exil, la misère et la mort, ne nous paraissent jamais que la juste punition de nos péchés. Faites que nous les souffrions toujours avec résignation, ou plutôt que nous les recevions toujours comme des grâces et comme des gages assurés d'une réconciliation pour laquelle nous n'aurons jamais assez souffert. Faites que nous n'apercevions jamais dans la main qui nous frappe et qui nous blesse, que la main qui nous guérit, et que nous la bénissions sans cesse, au lieu de nous plaindre.

« Mais, ô mon Dieu, ne livrez pas votre sceptre à vos ennemis; faites-leur la grâce de reconnaître, comme nous, que leur bras n'est que l'instrument de vos vengeances, que leur vaine puissance n'a renversé que des temples où ils n'étaient plus dignes de vous adorer, que cette puissance leur fut donnée pour prouver à tous les siècles que toute puissance vous appartient, et que vous n'élevez l'impie que pour le précipiter.

« Assez punis, si vous les éclairez, pardonnez-leur comme à nous; leur repentir et le nôtre apprendront à toutes les nations que notre Dieu est le vrai Dieu, et que notre religion est la sienne. Tels sont nos voeux: exaucez-les, Seigneur; nous vous en supplions par Jésus-Christ, notre rédempteur, qui vit et règne avec vous dans tous les siècles. Ainsi soit-il. »

Les littérateurs chrétiens ne restaient pas oisifs à Constance; ils y firent imprimer de fort bons ouvrages. On ne peut que gagner dans leur lecture; on n'y trouvera rien qui se ressente de ces disputes interminables qui ont excité tant de trouble dans le monde chrétien ; ils sont tous basés sur les principes les plus simples de la bonne doctrine, sur ces incontestables vérités que la mauvaise foi ne peut détruire, et qui se trouvent même énoncées dans le Discours préliminaire de l'*Encyclopédie*, ainsi qu'il suit :

« Rien ne nous est plus nécessaire qu'une religion révélée, qui nous instruise sur tant d'objets divers.

« Un petit nombre de préceptes à pratiquer : voilà à quoi la religion révélée se réduit. Néanmoins, à la faveur des lumières qu'elle a communiquées au monde, le peuple est plus ferme et plus décidé sur un grand nombre de questions intéressantes que ne l'ont été toutes les sectes des philosophes. »

Ce petit préambule, que m'a souvent répété un évêque respectable, m'a paru digne d'être rapporté ici, quoiqu'il soit très-connu ; il répond à toutes les objections que l'on pourrait être tenté de faire encore contre une religion si consolante.

Quoique le sujet soit ici un peu grave, je ne puis me dispenser de rapporter un fait qui pourra faire connaître le mal que les prétentions exclusives peuvent apporter à la chrétienté ou à l'Eglise. Un de mes amis avait voulu se mêler de faire imprimer un opuscule concernant la religion; il avait pour titre: *Almanach* ou *Calendrier catholique romain*. Mon ami avait consulté un grand-vicaire éclairé, pour savoir si ce petit ouvrage pourrait être utile; non-seulement le grand-vicaire l'approuva, mais il insista fort pour qu'il fût publié.

L'intention la plus innocente n'est pas toujours à l'abri du blâme; mon ami en fit l'épreuve dans cette circonstance. Un évêque, avec lequel les liaisons du sang lui donnaient le droit d'être familier, vint un matin chez lui, d'un air tout composé, lui dire, le plus gravement du monde, qu'il était question dans le public d'un scandale qu'il allait donner, en s'avisant d'écrire sur une matière qu'il n'avait pas le droit de traiter. Ce reproche parut si singulier à mon ami, qu'il ne put s'empêcher d'éclater de rire ; mais le bénin pasteur prit la chose au sérieux, et lui dit que tout le clergé allait fondre sur lui, si lui, laïc, avait la témérité de publier un écrit sur la religion. Il répondit que ces menaces ne lui faisaient pas peur, que son but était pur ; qu'il avait pris le censeur le plus orthodoxe, pour être assuré de ne pas errer. N'importe, reprit sa grandeur : vous n'êtes pas membre du clergé ; vous ne pouvez, sans profanation, mettre la main à l'encensoir. Mon ami eut beau s'appuyer des plus solides raisons et de l'approbation du grand-vicaire, l'éminence le menaça de l'excommunication : il prit alors le parti d'en appeler au futur concile.

Au surplus, ajouta-t-il en parlant de concile, nous sommes à Constance, où, par ordre de l'empereur Sigismond, qui était pourtant laïc comme moi, s'assembla, en 1414, le plus célèbre des conciles. Il est vrai qu'il coûta la vie à Jean Hus et à Jérôme de Prague, et qu'il prononça la déposition de trois papes; mais il rendit de superbes lois. Vous êtes ici vingt-deux évêques, le double de grands-vicaires, et près de quatre cents ecclésiastiques, tant abbés et chanoines que curés et moines, sans compter les abbesses, les chanoinesses et les religieuses: c'est une belle occasion pour tenir un concile. Plaisanterie à part, vous pourriez faire un grand bien. Que n'auriez-vous pas à dire contre les spoliateurs des bénéfices, les intrus, les sermens impies, la doctrine révolutionnaire? Ce sont bien d'autres hérétiques que les Jean Hus et les Jérôme de Prague. La grande salle existe encore; elle est assez solide pour ne pas craindre que vous la fassiez écrouler. J'y ai vu les fauteuils un peu vermoulus, sur lesquels se sont assis l'empereur Sigismond et le pape Jean XXIII. Si vous ne pouvez fournir autant de potentats, de grands seigneurs, de comtes, de barons qu'il y en eut alors, vous seriez toujours en nombre suffisant pour anathématiser la canaille en bonnet rouge, qui déchire l'Eglise et qui met la France au pillage.

L'idée de mon ami ne parut point ridicule au parent apostolique : il oublia son hérésie d'auteur, et promit d'en parler. Ils se séparèrent bons amis; mais le rêve d'un concile fit un bien autre effet que l'almanach : il déplut fort aux autres évêques. Mon ami, voyant des dispositions si peu favorables à ses idées, continua à mener sa vie ordinaire, et renonça et à son almanach et à son concile.

Il y avait aussi à Constance bon nombre de familles genevoises émigrées, que les troubles de leur patrie avaient fait fuir, et auxquelles Joseph II avait accordé, avec beaucoup de priviléges, l'exercice libre de leur religion. Un de leurs ministres, fort répandu dans la société, s'attacha à mes pas, et me provoqua à diverses promenades champêtres que je faisais dans les environs du lac pour en observer les beautés. Un jour il amena la conversation sur la religion catholique : il m'en parla d'une manière si étrange, que je n'eus pas de peine à voir en lui un athée. Croyant que j'abondais dans son sens, il finit par me demander si je croyais à la divinité de J.-C. Une preuve que j'y crois, lui répondis-je, c'est que je suis ici : autrement, je serais resté avec ceux qui ont renié Dieu et tué leur roi ; et je vous ajouterai qu'il faut être fourbe achevé pour oser enseigner une doctrine à laquelle on ne croit pas. Je n'ai pas revu cet homme depuis.

CHAPITRE XLIV.

Affaires politiques et militaires. — Août 1793.

Je continuai à recevoir des nouvelles de l'armée de Condé ; ce qui s'y passait est trop connu pour en parler ici. On s'y battait de temps en temps, sans qu'il y eût d'affaires importantes : le pillage commençait à devenir commun parmi les soldats de Robespierre ; tout le monde s'en mêlait. Un officier qui maraudait avec sa troupe fut surpris par son général qui lui en fit des reproches, cet officier lui répondit : Général, vous prenez, nous prenons, ils prennent : rendez, je rendrai, ils rendront.

Un de mes amis intimes, qui était mon compatriote et adjudant du général

Wurmser, eut le malheur, après un acte d'intrépidité, de recevoir deux coups de feu, dont un lui perçait la poitrine. Il s'écria : Mes camarades, arrachez-moi bien vite du champ de bataille, ou achevez-moi, plutôt que de me laisser tomber vivant entre les mains des ennemis de Dieu et des hommes. On l'emmena sur un affût de canon. Pendant qu'on le transportait, il disait : Il est doux de quitter la vie, quand on la sacrifie à son Dieu et à son Roi. Il survécut peu d'heures après sa blessure. Je regrettai en lui un ami sincère et un brave militaire.

On était occupé au siége de Mayence, auquel le roi de Prusse figurait en soldat intrépide. On ne pouvait avoir de nouvelles certaines de ce siége au corps de Condé, où les mensonges pleuvaient comme les bombes que les Prussiens lançaient dans la place. D'un autre côté, on entretenait dans l'armée des patriotes un esprit que les meneurs n'ont cessé de propager en France pour y légitimer la persécution contre les émigrés et l'usurpation de leurs biens.

Dans les premiers jours d'août, un trompette de l'armée française se présenta aux avant-postes du général autrichien; il était chargé d'un paquet pour lui. Dès qu'il eut déclaré sa mission, on lui banda les yeux, et on le fit escorter de poste en poste, et en silence, jusqu'au quartier-général. Quand il y fut arrivé, on reçut ses dépêches, on lui débanda les yeux, et on lui servit un bon dîner, auquel il fit complétement honneur. Les réponses faites, on lui signifia son départ, et on se mit en devoir de lui rebander les yeux. Avant que cela fût fait, il demanda une grâce au général. Laquelle? dit M. de Wurmser. C'est, général, reprit-il, de ne me pas faire passer au milieu de ces coquins d'émigrés; car on m'a dit qu'ils me massacreraient. Mais regardez-bien, reprit le général : il n'y a autour de vous que des émigrés, et ce sont eux qui vous ont conduit pendant tout le chemin que vous avez fait pour vous rendre ici. Le trompette, pétrifié, se frotta les yeux, considéra attentivement tout ce qui l'entourait, répandit des larmes, prit les mains des émigrés présens, les baisa, les pressa contre son cœur, se fit rebander les yeux, et partit en sanglottant, et répétant sans cesse : Braves gens! braves gens! etc.

Quelques jours après, un homme de marque s'échappa de Landau pour rejoindre les princes. Il fut arrêté par des furieux du pays, qui n'étaient pas des soldats, et qui l'accablaient de menaces. Quel mal pouvez-vous me faire, leur dit-il en les regardant avec mépris? me voler? je n'ai plus rien; me mettre aux fers? j'y suis; m'ôter la vie? je la méprise. Cette réponse les étourdit tellement qu'ils le laissèrent aller.

Je ne dirai plus rien de l'armée de Condé. L'histoire, lorsque la plume d'un nouveau Tacite sera libre, en parlera d'une manière honorable, en dépit des ennemis de la vertu et des Bourbons : elle rendra justice à ces mêmes ennemis qui, sur les bases de leurs brigandages, prétendent élever de glorieux monumens à l'équité.

La ville de Constance avait perdu peu à peu tous les agrémens que l'on y rencontrait dans les premiers temps où les émigrés étaient venus l'habiter : elle était devenue un flux et reflux de passans, et même d'aventuriers qui y apportaient et en remportaient leur désœuvrement et leur curiosité. Parmi ces nouveaux venus, il s'en trouva un très-marquant qui y avait apporté des trésors facilement acquis. Il avait fui de l'armée française avec la caisse dont il était dépositaire. Il s'en était fait quelques cent mille florins de revenu. Cet homme était en butte à tous les sarcasmes, à toutes les censures de la colonie; il le savait, et même s'en plaignait quelquefois. Il avait chez lui un parent qui avait l'habitude de dire à tout propos : *Ah! c'est bien ça; c'est la vérité.* Un jour que ce parent naïf entendait notre millionnaire se plaindre que, dans le public, on l'accusait d'être un fripon, il s'empressa de répéter, Ah! c'est bien ça; c'est la vérité. Le cousin resta pétrifié, et cela fit sur lui un tel effet, qu'il se décida à vendre, peu de temps après, ses meubles, plia bagage, et débarrassa la ville de Constance de sa présence.

La plupart des fondateurs de la colonie préférèrent le séjour agreste et paisible des villages de Suisse, qui l'environnaient, et s'y réfugièrent. Néanmoins, l'industrie s'était emparée de l'esprit des familles émigrées. Je ne crois pas que jamais peuple se soit montré plus laborieux : tout travaillait jusqu'aux enfans et aux vieillards, chacun était occupé, selon sa capacité. Comme le besoin avait mis toutes les familles au même niveau, on voyait sortir, chaque jour, de leurs mains des ouvrages étonnans, soit par le goût, soit par le travail. C'est ainsi qu'une Providence protectrice, qui n'abandonne jamais ses enfans, avait su rendre les momens précieux à des êtres qui avaient su braver les outrages et la persécution.

Je ne tarirais pas si je voulais rapporter tout ce que j'ai vu de remarquable en traits de résignation, de bienfaisance, de générosité et de grandeur d'âme de la part de ces victimes du devoir et de l'honneur.

J'avais besoin de faire diversion ; j'entrepris une course à pied dans la Suisse : je voulais visiter quelques villages dans les environs de Constance, où diverses familles émigrées s'étaient retirées pour éviter le tumulte et vivre plus paisibles. Les couvens, qui sont fort multipliés dans ce pays, étaient aussi devenus l'asile de plusieurs.

Au nombre des visites que je me proposais de faire, était une abbaye princière, très-riche et très-renommée, sur le bord du Rhin. Une dame de mes parentes s'y était retirée : j'allai pour la voir; et, me présentant en humble et modeste piéton, je demandai à lui parler. Personne dans cette maison ne comprenait le français, hors un ecclésiastique ou moine vêtu de blanc, qui me reçut fort incivilement. Il me dit que je pouvais passer mon chemin, que je ne verrais personne. Mais, monsieur, lui répondis-je, la dame que je demande est ma parente. A la bonne heure, reprit-il; mais comme nous la gardons ici par charité, nous ne sommes pas obligés d'en user de même envers les passans. — Ce n'est pas cela que je demande; je veux parler à madame l'abbesse. — On ne lui parle pas; dites ce que vous voulez, et je me charge de le lui reporter. — On ne peut donc pas la voir? — Non, vous dis-je; parlez, et je me charge de lui porter votre parole. — En ce cas, puisque vous voulez vous en charger, allez lui dire de ma part que je la prie de chasser de chez elle un drôle de votre espèce; et moi, je vais prier Dieu pour qu'il vous rende la politesse et la raison: car je vous crois au moins fou. Je donnai aussitôt, en sa présence, douze francs au chapelain, pour qu'il les distribuât aux pauvres à cette intention, et je continuai mon chemin.

CHAPITRE XLV.

Frauenfeld. — Rencontres. — Anecdotes. — Septembre 1793.

J'ARRIVAI dans la charmante petite ville de Frauenfeld, où se trouvaient des personnes que j'aimais. J'y séjournai pour jouir du bonheur que j'avais de les rencontrer. De ce nombre était M. Lenoir, ancien lieutenant-général de police : je le nomme, à cause de la circonstance. Il me donna à dîner : je m'y trouvai avec M. Leblanc, capitaine de la ville de Constance, magistrat qui avait eu la confiance de Marie-Thérèse, et qui était venu prendre des instructions sur la police. Il ne pouvait mieux s'adresser ; car l'honnête M. Lenoir avait rempli sa charge d'une manière si délicate et si juste pour les gens de bien, qu'il aurait fait aimer la police, dont le préjugé a, de tout temps, rendu le nom si redoutable.

Dans leur entretien, M. Lenoir raconta des anecdotes infiniment intéressantes. Il indiquait, entr'autres, le soin tout particulier qu'il prenait de ménager l'honneur des familles. Voici une de ces anecdotes; quoique déjà connue, elle est bonne à répéter.

M. de Kaunitz, ministre à Vienne, avait des raisons de s'assurer d'un personnage qui, par sa langue et sa plume, s'était rendu redoutable. Le croyant à Paris, il écrivit à M. Lenoir, pour le prier de le faire arrêter; M. Lenoir répondit qu'il n'y était pas. M. de Kaunitz, imaginant que c'était une défaite, récrivit d'une manière plus pressante, et se permit même quelque reproche de négligence sur la police de Paris. M. Lenoir répondit à peu près en ces termes: Quand j'ai eu l'honneur de vous dire que la personne que vous cherchez n'était pas ici c'est que j'en avais la certitude; vous pourrez vous en convaincre vous-même, en faisant visiter, à Vienne, telle maison, telle rue et tel étage: vous y trouverez votre homme. Il s'y trouva en effet.

Je devais rencontrer des aventures partout; en voici une qui se passa à l'auberge du *Corbeau*, où je couchai. On m'y donna un petit souper fort propre et bien accommodé. J'étais à une petite table particulière, d'où je pouvais observer et entendre les personnes qui étaient à table d'hôte. J'y remarquai un homme d'environ quarante ans, d'une figure très-distinguée, et qui faisait en quelque sorte les honneurs de la conversation: il avait un ton de décence, et une amabilité tout-à-fait intéressante. Le souper fini, il parut pressé de se retirer, et se fit conduire à son appartement par la servante; il lui dit qu'il n'avait besoin de rien, et qu'elle pouvait s'en aller. Les autres voyageurs restèrent, les uns à fumer leur pipe, et achever leur bouteille de vin; les autres, ainsi que moi, se retirèrent quelque temps après. Au bout d'une heure et demie, on entend un grand bruit à une porte, et frapper avec redoublement. La servante monte, et n'entend plus rien. Elle n'est pas plutôt descendue, qu'elle entend frapper plus violemment que la première fois; elle remonte, et se porte au lieu d'où part le bruit : c'était précisément à la porte de cet homme. Elle n'entendait plus rien : mais elle voulut entrer : la porte était verrouillée en dedans. Par le mouvement qu'elle fit, pour ouvrir, le panneau inférieur tomba dans la chambre ; elle regarda à travers, et vit un cadavre étendu, et le plancher couvert de sang. Cette fille, effrayée, court avertir l'hôte; il arrive avec quelques voyageurs, à cette chambre, où il entre par le trou du panneau : il voit que cet homme s'était ouvert les quatre veines, et qu'il expirait. Tous les secours furent inutiles pour le ramener à la vie :

Le magistrat vint faire la visite du cadavre : on s'empara de ses papiers. On trouva sur son lit une lettre qu'il écrivait à son évêque, et dont voici la substance.

« Monseigneur, je suis votre diocésain, errant, comme tant d'autres, sur une terre étrangère. Tous les sentimens de l'honneur m'ont dicté mon évasion de France; et, en cela, je crois avoir rempli mon devoir : mais j'emporte avec moi ma conscience, et le remords de tous les péchés dont elle est chargée. Poursuivi par l'idée de tous les égaremens d'une jeunesse bouillante, et des passions les plus vives, rien ne peut calmer mon imagination, ni ôter à mon âme la terreur que mes péchés y ont répandue. Je n'ai jamais osé, tout bon catholique que je suis, en aller faire l'aveu au confessionnal; mais c'est là ce qui me tourmente chaque jour de plus en plus. Mon tourment est enfin porté à un tel point, que si je passais encore deux nuits comme la dernière, où tous les fantômes se sont réunis pour m'accabler sous le poids des reproches, où, en outre, l'objet qui m'aimait, qui disposait de toutes les facultés de mon cœur, et qui méritait si bien mes affections, me reprochait mille infidélités, mille trahisons; où la honte des stériles jouissances de mes sens brûlans ne me présentait aucun lieu où je puisse aller m'ensevelir et me dérober pour jamais aux regards des humains; enfin, si deux nuits aussi terribles m'étaient encore préparées, je croirais que je dois trancher le cours d'une vie qui me deviendrait odieuse et insupportable : je ne puis vous dire ce que je ne ferais pas dans l'excès de mon désespoir. Dieu veuille apporter sur celle que je vais passer, après vous avoir tracé ces lignes, quelques adoucissemens, pour m'aider à supporter le temps qui doit s'écouler en attendant votre réponse.

« Je joins ici ma confession générale, et c'est à vous, monseigneur, que j'ose demander l'absolution. Demain, avant le lever du soleil, cette lettre partira pour vous être remise par un exprès, si je suis encore de ce monde; répondez-moi, et priez Dieu pour moi. La nuit approche; je sens mes frémissemens qui arrivent : grand Dieu! quel désespoir s'empare de moi! Recevez mes respects, comme l'assurance de mon sincère repentir, et envoyez-moi mon salut, monseigneur, s'il en est temps encore. »

La lettre fut envoyée comme elle avait été trouvée, sans être cachetée, à l'évêque, qui ne demeurait qu'à deux lieues. Il paraît qu'en l'écrivant, l'auteur n'avait pas encore dessein de se suicider; mais malheureusement le délire reprit à cet homme avec une telle violence, qu'il ne put échapper à son triste sort.

On scella les papiers, où se trouvaient beaucoup de choses bien dites sur l'art qu'il professait. Le magistrat crut devoir refuser la sépulture à son cadavre, qu'on fit déposer dans un bois, à la proximité de la ville. Voilà tout ce que j'ai connu de ce tragique événement.

Deux jours après, en rentrant à l'auberge du *Corbeau*, je la trouvai remplie de voyageurs français qui arrivaient de Lyon, dont le siége venait de finir d'une manière si épouvantable. M. D......, mon ami, qui demeurait en Suisse, vint à moi, d'un air très-affecté, et me dit, avec précipitation : Venez vite au secours de ma sœur, qui s'est sauvée de Lyon, et qui arrive en ce moment; elle est dans un état qui me fait craindre pour sa vie ou pour sa raison : c'est notre entrevue qui l'a mise comme elle est. Je le suis ; nous entrons dans une chambre, où je vois madame J...... dans une agitation difficile à rendre. Voilà, lui dit son frère, en me présentant à elle ; voilà un ami qui vient nous voir. Un ami de mon frère ! s'écria madame J...... avec impétuosité, en se levant de sa chaise ; un ami ! ah ! est-ce qu'il y en a encore des amis sur la terre ? Oui, madame, lui dis-je en essayant de la calmer ; il en est encore des amis. Un ami de mon frère ! reprit-elle avec plus de force ; ô quel bonheur ! Venez, mon ami : vous êtes le mien aussi ; venez ; donnez-moi la main que je la presse contre mon cœur ! Elle la prit en effet avec vivacité, et la porta sur son sein, avec une expression impossible à décrire. Elle continua en ces termes : O terre hospitalière ! je te bénirai sans cesse ; les monstres qui nous ont fait tant de mal, qui m'ont ravi ce que j'avais de plus cher, les monstres n'ont pas pu nous arracher ce dernier bien, cette dernière consolation. Il me reste donc encore un ami! O terre hospitalière que je bénis! ô mon ami, embrassons-nous! Et elle me passa ses bras autour du cou; elle m'inondait de larmes, et m'accablait de caresses. Je ne pouvais résister à tant de transports; mes pleurs coulaient aussi en abondance. Je faisais cependant tous les efforts que je pouvais pour la calmer; elle continuait à exhaler tout à la fois sa douleur et son plaisir en des termes si énergiques, avec un ton si théâtral, et des gestes si expressifs, que Larive et Talma auraient paru petits auprès d'elle. Tous ceux qui étaient présens fondaient également en larmes.

Cette scène si pathétique et si vive dura assez long-temps : je parvins pourtant à faire asseoir madame J...... ; elle se calma peu à peu. Quand elle fut remise de son agitation extraordinaire, je lui dis : Eh bien, madame, nous sommes heureux de nous rencontrer; mais sachons modérer tant de plaisir. A présent que vous êtes plus tranquille, embrassons-nous, et jouissons plus paisiblement du charme que nous procure cette rencontre imprévue.

Madame J...... n'avait échappé aux massacres de Lyon*, qu'après avoir vu, ainsi que son mari, mitrailler sous ses yeux deux fils beaux, aimables et intéressans, que les féroces proconsuls avaient dévoués à la mort avec tant d'autres victimes. Ils avaient eu la barbarie de rendre le père et la mère témoins de leur supplice. Madame J...... avait une imagination vive; l'horrible spectacle qu'elle avait sous les yeux, et les dangers qu'elle avait courus, l'avaient exaltée au dernier point; et je puis dire que je n'ai jamais vu les sentimens de la nature exprimés avec autant d'éloquence, de force et de vivacité. J'ai toujours regardé cette rencontre comme un des événemens les plus frappans de ma vie. Madame J... nous quitta le lendemain, pour aller à Constance joindre son troisième fils.

Je passai encore un jour dans la jolie ville de Frauenfeld, qui avait été brûlée deux

*

fois, et qui était parfaitement rebâtie. Ce jour même, en me promenant le soir avec mes amis, je fus témoin d'une ingénuité charmante d'une jolie petite fille de la colonie. Peu de gens parlaient français dans cette ville : ce qui déplaisait fort à cette enfant qui ne savait pas un mot d'allemand. Elle nous fit arrêter au milieu de notre promenade, pour entendre chanter un pinçon, et elle s'écria : tiens, maman, les hommes parlent ici un baragouin que je ne puis comprendre : écoute donc cet oiseau qui parle français.

Le lendemain, je dirigeai ma marche vers Zurich; je m'arrêtai deux heures à Winterthur, petite ville protestante bien bâtie, et où il y a beaucoup d'industrie. J'allai chez un marchand, nommé Sulzer, qui fournissait en sucre, café et autres épiceries, nos amis de Frauenfeld, dont je m'étais chargé de faire les commissions. Je lui demandai du café; il m'en montra qui venait de lui arriver tout récemment, et qu'il n'estimait pas aussi bon que celui qu'il tenait depuis long-temps dans son magasin, quoiqu'il fût beaucoup plus cher. Je fis donc provision de l'ancien, que je payai à meilleur compte; mais je lui demandai pourquoi il y avait, chez lui, cette différence de prix, pour la même marchandise. C'est, me répondit-il, que ma vente est réglée en raison du prix de l'acquisition, et que je croirais manquer à la probité si, vu les circonstances, j'enflais mon bénéfice au delà de l'intérêt légal que je dois tirer de mon argent. Belle leçon pour la probité! me dis-je; il y a peu de Sulzer dans le monde. Jamais je n'oublierai celui de Winthertur, qui était et le plus honnête et le plus obligeant des hommes.

CHAPITRE XLVI.

Zurich. — Septembre 1793.

J'ALLAI coucher à Zurich, chez le digne et excellent M. Ott, hôte de l'auberge de l'*Epée*. Sa table d'hôte était parfaite ; la bigarrure de gens qu'on y rencontrait la rendait curieuse et piquante. On était en temps de foire, et cette table était alors encore plus nombreuse et plus variée. Je m'y trouvai à dîner à côté d'un petit homme qui parlait beaucoup, et ménageait peu les législateurs français. Sa conversation concordait si mal avec une grande cocarde tricolore attachée à un petit chapeau qu'il avait sur la tête, que je ne pus m'empêcher de lui en faire la remarque. Bon, me dit-il, je garde ce bijou pour le faire voir à ma femme, en lui racontant toutes les impertinences que m'ont faites les nationaux de Robespierre, à ma sortie de France. J'y avais été pour mon commerce; car je suis négociant de Saint-Gall, tel que vous me voyez. Imaginez-vous, monsieur, que, revenant de Paris, où il se passe tant de belles choses, je suis arrêté, avant d'arriver à Bâle, à un corps-de-garde. On me demande d'abord mon passe-port : je le donne; ensuite mon argent : je le montre; on me le prend, en me disant que, de par la loi et la nation, on ne doit point sortir de numéraire du territoire français. Je commençai par répondre aux questions qu'on me faisait sur mon passe-port; un officier à moustaches, fumant sa pipe, et me donnant un petit coup de protection sur l'épaule, me dit : L'ami, est-ce que vous vous f..... de nous, avec ce passe-port? Vous êtes, dites-vous, de la république de Saint-Gall? Qu'est-ce que c'est que ce masque-là, la république de Saint-Gall? Est-ce que vous ne savez pas qu'il n'y a que la république française? Un soldat, qui était appuyé sur l'épaule de l'officier, lui poussa vivement le menton, en lui disant: Bah! papa; d'où sortez-vous donc ? Ignorez-vous qu'il y avait une république des Suisses et une de Saint-Gall, bien long-temps avant que la France eût pensé à prendre cette mascarade.

Bon, reprit l'officier: c'est vrai; c'est que je ne m'en souvenais pas. Ce n'est pas tout, ajoutais-je ensuite à ce savant officier ; et mon argent, croyez-vous que vous l'allez garder ? — Et pourquoi ? connaissez-vous les décrets ? — Oui, ceux de mon pays qui disent : *Point d'argent, point de Suisse;* comme je suis Suisse, je veux ravoir mon argent. Quoique l'officier le considérât bien, et le serrât plusieurs fois dans sa main, il a fini par me le rendre, et me voilà. A présent je veux bien que le diable m'emporte si, tant que cette révolution durera, on me revoit dans ce malheureux pays.

Ce brave homme me serra la main, et m'engagea à l'aller voir à Saint-Gall, pour y boire ensemble à la délivrance et à la santé du jeune Louis XVII, dont le sort lui déchirait l'âme, et faire ensuite un auto-da-fé de sa cocarde qui me choquait. Je le lui promis.

Parmi les dîneurs avec lesquels nous nous trouvions, on remarquait diverses personnes à prétention, d'une opposition de naissance et de principes bien extraordinaire. J'avais entr'autres à ma gauche une dame de qualité, portant un beau nom, et qui avait à côté d'elle un grand nigaud de fils. Cette dame, qui avait été belle et qui le montrait encore, était en route pour aller rejoindre, à la cour du prince Henri, frère du grand Frédéric, un favori des Muses, membre de l'Assemblée Constituante, et zélateur des opinions nouvelles, qu'elle partageait : son cœur la rappelait probablement auprès de lui. Une autre personne, jeune et fort jolie, mise avec beaucoup d'art et de goût, avait étalé à la foire une boutique de nouveautés fort achalandée; elle ne manquait pas d'intrigue, et se disait marquise, chassée de son marquisat qui avait été pillé, incendié; elle affichait une aristocratie outrée, et ne cessa d'être en opposition avec ma voisine. Son petit marquisat pouvait, à la vérité, avoir été fort maltraité; mais le fait est que la dame n'était autre chose qu'une ouvrière en modes, très-galante, qui avait pris le titre de marquise pour courir le monde et faire des dupes.

Mon petit Saint-Gallois la reconnut pour l'avoir vue à Paris; il me dit à l'oreille ce qu'il en savait. Elle s'en aperçut; alors un incarnat briqueté colora son visage : il s'y joignit une petite convulsion de langue qui mit fin aux belles choses qu'elle débitait.

Voilà qui est étrange, continua mon petit homme; une femme de haute naissance, qui se dégrade en adoptant le système des gougeats, et une courtisane qui profite du chaos dans lequel nous sommes tombés pour se créer un titre que chacun pourra se donner aujourd'hui impunément. Que je vous plains, messieurs les émigrés! ajouta-t-il. Quand vous rentrerez en France, car vous y rentrerez ainsi que la maison de Bourbon, vous n'y trouverez plus qu'intrigue, fraude et fourberie : la France regorgera de comtes, de marquis, de barons et de chevaliers d'emprunt. Comme vous vous trouverez en bonne compagnie, surtout d'après le mouvement de migration qui se sera opéré! La Flandre sera farcie de Gascons, la Gascogne de Flamands, Manceaux ou Champenois: un tremblement de terre n'aurait pas produit un renversement comparable à celui que je prévois. Venez me voir à Saint-Gall, et nous noyerons notre chagrin dans quelques bonnes bouteilles de vin, que je vous réserve.

Pendant que je faisais quelques courses en ville, le célèbre Lawater vint à notre auberge; et, s'adressant à ma femme qui y était restée, il lui fit mille politesses et mille complimens qui la surprenaient un peu, et auxquels cependant elle répondit de son mieux: mais, quand il lui eut demandé des nouvelles de son mari, ma femme, jugeant bien qu'il se trompait, le pria de lui dire à qui il croyait parler. Mais à madame **, reprit-il. Alors ma femme, aussi étonnée qu'affligée de la méprise, se récria : Quel nom prononcez-vous là, monsieur? Non, non, je ne suis pas l'épouse de cet homme qui, après s'être jeté dans la fange révolutionnaire, court aujourd'hui toute l'Italie, chargé d'or et des diamans de la couronne, pour y faire des prosélytes au parti qui déchire la France. Non, non, monsieur; mon mari ne lui ressemble en rien. Lawater, tout déconcerté, se répandit en excuses, et supplia ma femme de lui pardonner une erreur qui lui faisait tant de peine.

Je profitai de cette petite aventure pour aller faire une visite au physionomiste : je fus reçu avec beaucoup de grâce et d'affection. Il fallut lui donner mon nom, qu'il inscrivit sur des tablettes, à la suite d'une foule d'autres noms. Après avoir promené ses yeux sur ma figure, il mit au bas de sa note une petite inscription. Nous liâmes conversation pendant un moment : la politique en fut écartée, de sorte que je ne puis dire si cet homme était partisan des opinions du jour. Ce que j'affirmerai, c'est qu'il possède une belle âme, douée d'une sensibilité exquise, et qu'il n'a fait que du bien dans le cours de sa vie.

Ce qui me parut très-remarquable chez lui était un grand cabinet en forme de bibliothèque ; les rayons en étaient remplis de volumes, très-élégamment reliés, et de toutes grandeurs. Quand on ouvrait ces volumes on découvrait que c'étaient des boîtes pleines de dessins très-bien faits, et dont la plupart étaient des portraits ; le reste était des caractères de têtes analogues à ses observations. Chaque figure était accompagnée d'une inscription en vers allemands.

Il s'était passé à Zurich un événement qui avait produit un effet très-fâcheux, et qui faillit renverser le gouvernement ; voici le fait. La ville de Zurich était souveraine ; tous les villages du canton étaient ses sujets : telles étaient les constitutions antiques du pays. Des paysans riches entreprirent de secouer le joug, et de surprendre la ville pour la forcer à accepter une nouvelle constitution. Cette insurrection qui avait pris faveur un moment, fut étouffée ; les principaux moteurs arrêtés furent condamnés à avoir la tête tranchée. Grande agitation dans la ville : les magistrats les plus sages opinaient pour l'exécution ; mais les magistrats philantropes étaient pour la clémence, et l'emportèrent. Le jour de l'exécution arrive : rien n'avait transpiré sur le sort qu'on réservait aux coupables. On les amène au lieu de l'exécution, où une populace immense les attendait ; on les fait monter sur l'échafaud, et le bourreau passe simplement le glaive au-dessus de leur tête ; on les met ensuite en liberté. Lawater, qui avait été du nombre des philantropes, m'avoua qu'il s'en était sincèrement repenti, et qu'il était pleinement convaincu qu'une pareille indulgence deviendrait tôt ou tard funeste au gouvernement. L'événement l'avait prouvé : ces hommes en rentrant chez eux avaient renoué leurs intrigues, et réussi à opérer un changement dans le gouvernement. Les chefs principaux, qui avaient figuré sur l'échafaud, étaient arrivés aux premières places de la magistrature.

J'allai ensuite me rappeler à un ancien officier général qui s'était distingué à la tête d'un régiment suisse, et que M. le duc de Choiseul avait fort aimé. Cet homme, de beaucoup d'esprit et fort riche, venait de se remarier. L'amour jouait un grand rôle dans ce ménage; il y était bien placé: ce qui me prouva qu'il est de tout âge. Le bon général voulut que je cassasse une croûte avec lui, en me rappelant qu'il avait été témoin qu'un monsieur de Pontavis, gentilhomme breton, l'avait demandé à Louis XV, disant qu'un gentilhomme ne pouvait pas mourir sans laisser le titre de cette faveur à ses enfans.

Au moment où nous allions nous mettre à table, un prétendu chevalier de Malte, venant des bords de la Garonne, ne voulut pas permettre au général de s'asseoir, sans lui avoir accordé aussi la faveur de quelques secours pour l'aider à se rendre à Malte; il prétendait qu'après avoir tenu galère, il y aurait eu une commanderie, si la révolution n'était venue lui casser le cou. Le général lui mit un double louis dans la main, pendant qu'il racontait ses malheurs; mais celui-ci, sans cesser de parler, ne put s'empêcher de jeter un coup d'œil furtif sur la pièce qu'il tenait en main: cette vue épanouit tout-à-coup son visage, et ses révérences redoublèrent. Je ne pus à mon tour m'empêcher d'en rire: car je ne doutais pas que ce ne fût un aventurier escroc, peut-être échappé des galères, comme le général ne tarda pas à en être convaincu.

Cet homme était en effet le domestique d'un commandeur de Malte, massacré en France; il en avait été le dénonciateur et l'un des assassins: ce qui fut reconnu à Berne, où ce drôle fut peu de temps après arrêté et pendu, pour y avoir été pris en continuant ses forfaits.

En sortant de chez le général, on me conduisit dans la société; j'y trouvai des mœurs semblables aux nôtres pour le fond, mais différentes pour la forme. Les femmes vivent plus entre elles, et les âges ne se confondent point; au surplus, elles ont un genre de galanterie qui n'a ni moins d'activité ni moins de manégequ'à Paris.

Un motif de curiosité me fit prendre, en sortant de Zurich, le chemin de Mont-Albis; le temps était beau, et le ciel pur. Je voulais voir les Alpes d'un point très-renommé appelé l'*Echauguette*, à l'heure du coucher du soleil. J'ai pleinement joui de cette satisfaction, mais non sans quelques événemens; d'abord, après avoir gravi sur la montagne, je vis, à mon étonnement, dans un lieu que je croyais désert, une grande maison sur la droite, et une femme à la fenêtre, qui me fit signe d'entrer: j'obéis au signal. Cette femme me dit, en très-bon français, que j'étais dans une auberge très-renommée, où je serais très-bien traité si j'y voulais passer la nuit. J'acceptai bien volontiers, mais je voulus auparavant satisfaire ma curiosité, et aller à l'Echauguette qui n'était qu'à une petite demie-lieue: cette femme m'en indiqua le chemin.

Je me mis en route; quelques minutes

après il s'éleva un vent considérable, qu faisait plier presque jusqu'à terre les arbres d'une forêt, auprès de laquelle je passai. Je voyais à ma gauche le lac de Zurich, éclairé par un beau soleil, et dans un calme parfait; tandis qu'à ma droite, tout le lac de Zug était battu par une tempête violente, et dans lequel la foudre et les éclairs multipliés qui se formaient, pour ainsi dire sous mes pieds, semblaient se précipiter. Cette tempête ne m'empêcha pas de voir et d'admirer la chaîne des Alpes, dorée par les rayons du soleil. Quand ma curiosité fut pleinement satisfaite, je revins sans aucune rencontre fâcheuse à mon auberge, où m'attendait un petit souper en excellentes truites. La femme qui m'avait engagé à y descendre, en était la servante; elle était entre deux âges, de fort bonne mine et d'un embonpoint qui annonçait une santé robuste.

Elle m'honora de sa conversation, m'apprit que cette auberge était le rendez-vous des Zurichois qui y venaient prendre le petit lait, comme on va prendre les eaux minérales, usage fort antique et toujours en vogue dansla Suisse.

Je lui demandai comment il se faisait qu'elle parlât si bien français? Parce que je suis née Française, me répondit-elle; j'avais épousé un brave et bon Suisse qui m'a laissée veuve, il y a long-temps, dans ce pays : j'ai préféré y rester, et je suis en service depuis cette époque.

Je lui dis qu'à en juger par sa bonne mine et la fraîcheur qu'elle conservait, elle avait dû, non-seulement être fort jolie, mais avoir beaucoup de chalans. Cela est bien vrai, monsieur, reprit-elle; mais, depuis que je suis veuve, personne ne m'a plus touchée.

Le lendemain, avant le lever du soleil, je me mis en chemin, et me dirigeai sur Lucerne. La matinée était superbe; je ne rencontrai que des sites charmans et variés, et vers les huit heures je descendis sur un petit pont agréablement situé. Je vis au bord de la jolie rivière qui coulait dessous, plusieurs lessiveuses jeunes, fraîches, gentilles et voluptueusement vêtues; elles chantaient et travaillaient de bon cœur. Dans ce pays on fait une économie de bas dans la belle saison : ce qui sied fort bien à des femmes qui ont des jambes aussi blanches et aussi propres que ces lessiveuses. Je les trouvai enjouées et disposées à faire la conversation : elles furent assez aimables pour me procurer un déjeuner frugal et appétissant. J'allai m'asseoir à quelque distance d'elles, sur le penchant d'une colline, où les plus belles vaches du monde paissaient paisiblement; elles vinrent familièrement près de moi, partagèrent mon pain, me léchèrent les mains, et m'auraient même léché le visage par reconnaissance.

Je ne crois pas qu'on puisse goûter un charme plus parfait que celui dont je jouissais dans ce moment, où, tout à moi-même, tout à la nature que j'admirais, enfin tout à son Auteur, je pouvais, dans le silence d'une riante solitude, donner un libre essort à mes réflexions; tant il est précieux et doux d'être affranchi de la tyrannie barbare qui s'arroge tous les droits, même celui de comprimer la pensée !

Grands de la terre, ministres altiers et inaccessibles, inquisiteurs soudoyés pour sonder et trahir les secrets des citoyens paisibles, pour leur faire un crime de leur innocence, et pour alarmer les consciences, je vous considérais d'ici, à côté de mon troupeau ; je voyais dans vos âmes tourmentées la source empoisonnée de l'avarice, de l'envieuse jalousie, de l'implacable haine, de l'insatiable ambition, incapable de jouir d'aucune sécurité : vous me paraissiez le jouet de l'inquiétude, tandis que, de mon lieu de repos, je voyais de laborieuses filles exemptes de tous vos soucis, heureuses de ne pas vous connaître, et chantant avec joie les charmes de leur vie paisible. J'entendais les habitans des airs se réjouir, je sentais l'aimable zéphyr qui me rafraîchissait de sa douce haleine, et je demeurai convaincu que le bonheur n'est ni dans la grandeur ni dans la puissance, et que cette dernière n'était, en dernière analyse, que dans la possession de l'or, puisque c'est par l'or que règnent les plus puissans. Je terminai là mes réflexions. Les bonnes vaches qui étaient assez heureuses pour n'en faire aucune, m'aidèrent à achever mon déjeuner. Je les quittai à regret, estimant que leur pâtre n'était pas le plus malheureux des mortels. Je repassai auprès des blanchisseuses, qui interrompirent leurs chants pour me souhaiter un bon voyage; de mon côté, je leur souhaitai le bonheur, et je ne m'éloignai pas de ce lieu sans émotion.

Je continuai mon chemin vers Lucerne, sur une belle route, par un beau temps, et au milieu d'un peuple excellent. Le sexe m'y parut généralement beau; il est agréablement costumé: je lui crois même de la coquetterie. Il porte communément du linge fin et très-propre, des manches de chemises fort larges et retroussées avec goût jusqu'aux épaules, laissant à découvert la totalité du bras, dont la forme et la blancheur flattent la vue. Il en est de même de la chaussure qui n'est pas sans élégance; un bas blanc et fin, que laisse voir un jupon ordinairement rouge et très court, ne descend qu'à quelques pouces au-dessus de la cheville du pied, qu'on voit à nu dans un soulier découvert et garni de rubans.

A peu de distance de Lucerne, je passai au-dessous d'un coteau orné de maisons et de jardins en amphithéâtre. Je vis au bord du chemin une jeune personne qui ressemblait à une charmante miniature, tant elle était mignonne et jolie. Elle tenait sur ses genoux un enfant à qui elle donnait le sein. J'avoue que je regrettai, dans ce moment, de n'être pas Raphaël; j'aurais orné une toile du plus délicieux tableau que la nature ait jamais offert à l'œil. Je causai un peu avec cette petite maman, et je la trouvai aussi bonne que belle.

Pour faire ombre à ce tableau, je rencontrai, avant d'entrer à Lucerne, un grand ecclésiastique qui ressemblait à un échalas habillé. Ses jambes étaient comme des échâsses; il était fendu jusqu'aux oreilles : on ne voyait en lui que des jambes et une tête allongée comme celle d'un magot de la Chine.

Ce galant homme m'accosta; et, charmé de retrouver un Français, il s'empressa de se lier de conversation avec moi : il me dit qu'il venait de Venise, qu'il me vanta comme un pays de Cocagne. Pas possible, monsieur, lui dis-je, que vous arriviez de ce pays-là. — Pourquoi donc pas? — C'est que vous êtes trop maigre pour avoir vécu dans un si bon pays, à moins que vous n'y ayez habité avec des vampires. L'abbé ne se fâcha point de mes plaisanteries; il en rit même. Cet ecclésiastique, pour me prouver la bonté et la vigilance du gouvernement de Venise, me raconta que se trouvant un jour avec un autre Français, dans un café, celui-ci se mit en train de faire l'éloge des lois de Venise. Un Vénitien qui était près d'eux, et qui les entendait causer, s'approcha du discoureur, et lui demanda tout bas à l'oreille, s'il voulait coucher cette nuit dans son lit ou dans la mer. Et sur ce que le Français lui témoigna son étonnement de cette question, c'est, lui répondit le Vénitien, qu'il est défendu ici, sous peine de la vie, de parler en bien ou en mal du gouvernement. Nous arrivâmes à Lucerne, où nous passâmes le reste du jour sans nous séparer, et en bonne intelligence.

Cette ville a des attraits de plus d'un genre : la nature y a soigné le sexe d'une manière si particulière que la vertu la plus stoïque y serait exposée ; la grâce naïve dont il est doué ne peut échapper à l'œil le plus indifférent. Le sol est très-élevé ; il donne naissance aux plus hautes montagnes : l'air y est très-raréfié.

Je séjournai à Lucerne pour voir le baron de Pfiffer : il me montra son étonnante carte de la Suisse, en relief : je crus m'y promener. J'admirai cet homme de génie et son chef-d'œuvre. Nulle part on ne rencontrera l'amour de la patrie comme il était gravé dans le cœur de ce galant homme ; pourtant il avait des ennemis dans cette même patrie. Où peut-on se flatter de ne pas rencontrer l'ingratitude ?

Je portais sur moi un portrait en miniature de l'infortuné jeune Roi, Louis XVII, que j'avais peint moi-même ; je priai le baron de l'accepter : il le baisa avec transport, et me dit qu'il ne sortirait plus de dessus son cœur où il le plaça.

J'allai voir ensuite le mont Pylate, que les nuages qui s'y forment dérobent souvent à la vue. Je me suis laissé raconter, comme à tant d'autres, qu'il y avait un lac dans la partie la plus élevée de la montagne, et que le coupable Pylate était relégué sous ses eaux, où il attend le baigneur pour l'engloutir dans leur abîme. Le fait est que l'eau de ce lac est si froide, qu'il est mortel de s'y baigner.

Je visitai aussi le fameux lac de Lucerne, ou des Sept-Cantons. Il m'en imposa par l'aspérité des montagnes qui contournent son bassin irrégulier, et qui en rendent la navigation si périlleuse. Je l'observai de différens points, entr'autres d'une jolie pelouse dont l'herbe, d'une finesse extrême, est de la plus brillante verdure. Plusieurs sociétés y mangeaient de la crême et des gâteaux, dansaient et jouaient aux petits jeux de l'enfance innocente. Je crus pourtant m'apercevoir, dans plus d'un groupe, que le jour ne se passerait pas pour tous dans la même innocence.

J'allai encore sur le pont qui conduit à la cathédrale, voir un tableau qui y existe depuis plus d'un siècle, et qui représente une guillotine entre les mains des Sarrasins occupés à la destruction des Chrétiens croisés: d'où je conclus que cet instrument de mort, qui n'aurait dû jamais paraître en France, aurait été mieux appelé *sarrasine* que *guillotine*.

De Lucerne je revins à Zurich, où je m'associai à une caravane de dévotes qui m'y attendaient pour faire un pèlerinage à Einsiedeln, ou Notre-Dame des Ermites. On y vient de presque toutes les parties de l'Europe.

Nous nous embarquâmes d'abord sur le charmant lac de Zurich; puis, après être débarqués dans un superbe village, nous cheminâmes à pied jusqu'à l'abbaye. Par une singularité extraordinaire, nous y arrivâmes en même temps qu'une caravane nombreuse qui s'y rendait processionnellement de France; elle était composée d'Alsaciens que les jacobins n'avaient pas empêché de faire ce voyage. A la queue de cette procession marchait une grande, jeune et belle fille, bien mise, mais pieds nus, et tenant un chapelet à la main. On nous dit qu'elle avait fait vœu de ne point parler pendant tout ce pèlerinage, je l'admire si elle a ponctuellement observé son vœu, à moins qu'elle n'ait été réellement muette.

Notre caravane se livra à tous les exercices de piété en usage dans ces pèlerinages. La ferveur fut si grande, qu'elle parut à quelques-uns de nous outre-passer les bornes. Pendant ce temps, je visitai l'abbaye, qui est immense, et d'une tenue vraiment édifiante. Je vis officier le prélat : un saint ne met pas plus d'onction, ni plus de ferveur dans ses prières. La pompe et la majesté qu'on apporte dans les offices de ce lieu laissèrent dans mon âme une impression de vénération qui n'a pu s'en effacer.

Le vertueux abbé nourrissait plus de trois cents prêtres français, à qui il donnait le salaire des messes qu'ils célébraient ; il les soulageait dans tous leurs besoins. Je retrouvai parmi eux un bénédictin de mon pays, qui fut d'autant plus aise de me revoir, qu'il espérait que je lui en donnerais des nouvelles : mais je n'en savais pas plus que lui. Il me dit que sa famille l'avait tout-à-fait abandonné, que même elle avait fait écrire au prélat que, s'il était mort, elle lui enverrait de quoi payer son enterrement. Il avait fait répondre qu'il était plus urgent de lui envoyer de quoi le faire vivre, parce qu'il n'était pas encore décidé à se faire enterrer.

Nous reprîmes le même chemin pour revenir à Zurich. On s'embarqua à minuit sur le lac, pour arriver au jour. La barque est garnie de matelas, sur lesquels se couchent les voyageurs ; on étend sur eux de grandes couvertures, et on navigue ainsi jusque dans le canal de la ville, où l'on vous découvre : chacun se secoue, et s'en va chez soi.

Nous restâmes un jour à Zurich ; j'y rencontrai une de ces dames politiques, qui faisait partie du comité dont j'ai parlé plus haut; elle me rappela le tour plaisant que leur avait fait un des jeunes gens de sa société, et nous en rîmes beaucoup. Comme j'ai oublié de le rapporter dans son temps, je vais réparer ici cette omission.

J'avais été chargé d'une petite course diplomatique. Nos dames politiques, présidées par une chanoinesse, m'avaient prié de leur venir faire part du résultat de ma mission : elles n'étaient pas les moins causeuses de la colonie. A mon retour, je me rendis à leur société. En me voyant arriver, elles se mirent à parler toutes à la fois avec une telle volubilité, et des voix si perçantes, qu'il me fut impossible de les comprendre, et d'en être entendu. Le bruit continuait, lorsque la malice d'un de nos jeunes gens les fit taire tout-à-coup. Il avait percé un trou à son plancher, au-dessous duquel il avait adapté un pétard : il logeait précisément au-dessus de la chambre où se tenait le comité. Au plus fort du brouhaha, il mit le feu à son pétard. On peut juger de la consternation et de l'effroi où il laissa toutes ces dames : comme ce n'était pas le Saint-Esprit qui descendait chez elles, je m'en allai, riant comme un fou.

Je vis aussi un vieux curé que j'avais eu occasion de connaître, et qui depuis, pour se soustraire à la misère, avait imaginé de se faire marchand à la toilette : il avait si bien fait ses affaires, qu'il s'était monté une boutique considérable qu'il étalait aux foires. Je lui demandai s'il pouvait faire avantageusement son commerce, sans mentir un peu. Il me répondit qu'il y avait des grâces d'état, qu'il savait bien qu'un marchand ne pouvait guère réussir sans être menteur et fripon, mais qu'il ne l'était que modérément, et à ce sujet, il me raconta que son évêque, passant un jour devant sa boutique, il l'avait invité à faire quelque emplette; l'évêque, pour toute réponse, lui montra un tableau dont il venait de faire l'acquisition, et qui représentait J. C. chassant les vendeurs du temple. Avez-vous jamais prêché ce sermon,

M. le curé ? lui demanda-t-il ; et il s'en alla en souriant.

En quittant ce curé, devenu marchand, je fus salué par un général autrichien qui passait à Zurich, et je me rappelai la conversation que j'avais eue avec lui chez le prince d'Esterhazy.

Je dînais un jour chez ce prince avec un officier aux Gardes-Suisses, qui était en grand uniforme brodé. Ce général, qui était aussi du dîner, trouva cet uniforme magnifique, et me dit : Votre Roi de France, *il donne donc de bien grosses caches à ses officiers, pour qu'ils puissent être habillés aussi richement?*

Monsieur, répondis-je, les officiers du Roi de France servent Sa Majesté uniquement par amour et par honneur, et ils comptent pour rien leurs appointemens; il y en a même beaucoup qui ont fait des prodiges de valeur, et qui n'en ont jamais reçu. *Das ist curios*; répondit le général.

Avant de quitter la Suisse, et de reparaître à Constance, je dois parler d'une complainte qui fut faite par un homme distingué qui avait assisté à Frauenfeld, à la diète des treize cantons. On y avait traité la question de la neutralité que la Suisse décida de garder, quand toute l'Europe s'armait pour voler au secours de Louis XVI. Comme cette complainte fit une grande sensation parmi les Suisses, je pense qu'il est bon de la faire connaître : on la trouvera à la fin de ce volume.

De Zurich, nous partîmes pour Constance, où nous portâmes une pacotille de chapelets, de rosaires, de crucifix, de médailles, de reliquaires, et d'images, que nous distribuâmes, en arrivant, à nombre d'amateurs qui nous attendaient.

CHAPITRE XLVII.

Retour et nouveau séjour à Constance, depuis octobre 1793 jusqu'en août 1794.

Il était difficile que, dans une ville où il se trouvait tant de personnes proscrites pour la même cause, on ne s'y occupât pas journellement de ce qui se passait en France. On s'y arrachait les journaux, chaque fois qu'il en arrivait; et il était rare qu'ils ne fussent pas pour nous une nouvelle source de douleur et de larmes: on y voyait le mal s'accroître d'une manière affreuse, sans aucun espoir de retour vers le bien. C'est ainsi qu'en parcourant la série des crimes, on apprit la condamnation de Marie-Antoinette, et comment la tête de cette auguste Reine était tombée. Un trait qui caractérise la politesse de cette excellente Princesse ne doit pas rester dans l'oubli. Lorsque le bourreau la conduisait impitoyablement sur le fatal échafaud, elle lui marcha sur le pied, par mégarde. Cette femme qui, dans ce moment suprême, ne devait voir qu'avec horreur l'être qui allait trancher ses jours, lui dit, avec la grâce et la bonté inséparables de son caractère : *Monsieur, je vous demande pardon.* O Reine !.... ô destinée !

On peut juger aussi de l'effet que produisit, sur cette colonie pieuse, le scandale que les renégats Gobet et autres avaient causé dans toute la chrétienté par leur apostasie, de même que l'insolent pontificat de Robespierre, et l'impudique cérémonie des prostituées sur l'autel du Seigneur ; prostitution qui, comme je l'ai déjà dit, avait été prophétisée par le père Bauregard.

Un ecclésiastique, recommandable par ses mœurs et ses vertus chrétiennes, prit une part si vive à ces événemens, qu'il en perdit la raison. Dans son premier acte de folie, il vint avec empressement chez son évêque, et lui récita avec emphase ce verset de la Genèse :

« Certes, je redemanderai votre sang, d'où dépend votre vie, à quiconque l'aura répandu. »

Il l'invita à être témoin d'un phénomène qui se passait dans le ciel : c'était, disait-il, tous les régicides qui étaient pendus à un arc-en-ciel, et qui se débattaient comme des enragés, en criant à tue-tête, l'un à l'autre : Malheureux! scélérat! c'est toi qui es cause que je suis pendu! c'est toi qui nous as fait prononcer l'arrêt de mort du meilleur des Rois! et le démon, qui allait de crieur en crieur, les fustigeait à tour de bras. L'évêque prit soin de ce pauvre prêtre, dont la vision le mettait dans des convulsions affreuses.

Cet ecclésiastique avait pour système que les hommes, en naissant, tombent dans la loterie du destin. Il avait fait là-dessus un recueil des lots qui étaient échus à divers individus. Ce recueil était aussi bizarre que curieux. Combien il y en avait qui, nés sur le trône, étaient descendus au plus bas étage! combien d'autres étaient élevés, des rangs les plus inférieurs, au plus haut degré des grandeurs! Cette liste, avec toutes ses circonstances, était révoltante quoique vraie.

Le temps s'écoulait ainsi, sous le poids de la plus terrible des calamités, sans qu'aucun de nous pût se consoler de voir la nation la plus renommée par la douceur de ses mœurs, se souiller chaque jour par quelques nouveaux forfaits. Ils étaient portés à un tel excès, qu'à tout moment nous craignions d'apprendre quelqu'acte de désespoir, tels que l'histoire nous en a fourni dans des circonstances moins graves : celui des honnêtes et nombreux habitans d'Haguenau et de ses environs nous autorisait dans cette crainte. Après la gloire immortelle que s'étaient acquise, le 2 décembre 1793, à Berstheim, trois Condé, signalant l'héroïsme de leur maison, la ville d'Haguenau leur fut reprise le 25; une déroute sans exemple, de la part des Autrichiens, la livra aux Français; mais les Condé, formant leur arrière garde, firent leur retraite froidement, et en ordre. Ce fut après cet événement que l'horrible Convention voua au glaive et au feu la tête des Alsaciens que le désespoir avait fait émigrer; et que leurs enfans furent livrés à tous les outrages et à tous les dangers. Tous ces émigrans préférèrent un honorable exil à la honte de vivre sous un joug et des lois exécrables. Je me suis toujours étonné que les Français n'aient pas donné plus d'exemples du désespoir, auquel les révolutionnaires semblaient devoir les porter en mille occasions. Malgré mon horreur pour le suicide, je serai toujours moins surpris de voir les âmes fortes et élevées préférer la mort à une servitude insupportable. Les juifs d'Yorck qui, au commencement du règne de Richard Ier, ont prouvé, dans les temps modernes, jusqu'où peut aller le courage du désespoir; Numance en Espagne, et Astape en Afrique, avaient montré, dans les temps anciens, ce que l'horreur de l'esclavage pouvait inspirer. Je ne puis me refuser à citer le tableau effrayant que l'auteur italien des *Nuits romaines au tombeau des Scipions* nous en a transmis : en voici la traduction en vers, qu'un de mes amis a faite. C'est Pomponius Atticus qui s'adresse à Scipion l'Africain.

Je vois Astape encor, malheureuse cité,
Punie avec fureur de sa fidélité.
De tout temps à Carthage elle resta soumise,
Craignant plus que la mort d'être par toi conquise;
Ses braves habitans délibèrent entr'eux,
D'échapper tous ensemble à ce destin affreux;
Et chacun s'animant d'un courage héroïque,
Ils courent rassembler sur la place publique
Leurs objets précieux, leurs riches vêtemens,
Placent sur cet amas leurs femmes, leurs eufans;
Et, l'entourant partout d'alimens combustibles,
D'un funeste bûcher font les apprêts horribles.
Cent jeunes citoyens, une torche à la main,
S'y tiennent préparés à l'allumer soudain,
Quand l'étranger féroce entrera dans la ville.
Cependant cette foule innocente, immobile,
De ses gémissemens fait retentir les airs,
Accusant les Romains qui, dans tout l'univers,
Portent perfidement la terreur et les larmes.
La jeunesse bientôt sort contre nous en armes,
Résolue à périr sous les coups du vainqueur;
Mais le sort secondait partout notre fureur:

Au milieu du combat ils tombent tous sans vie.
Les jeunes citoyens, restés dans leur patrie,
Egorgent aussitôt les femmes, les enfans,
Et jettent dans le feu leurs corps demi-vivans.
Le sang ralentissait ces flammes déplorables ;
Eux-mêmes, que lassaient ces meurtres lamentables,
S'élancent à la fin au milieu du bûcher,
Où périt avec eux ce qu'ils ont de plus cher.

Le temps s'écoulait, et la succession des crimes affaiblissait de plus en plus l'espérance ; nous en étions venus au point de craindre de nous approcher et de nous interroger. Je vivais un peu retiré; je fuyais les nouvelles. Il nous en venait cependant de temps à autre qui ne pouvaient nous être indifférentes, tels que les massacres froidement combinés et atrocement exécutés par ces soi-disant représentans en mission et par ce monstrueux comité de Salut Public qui asservissait toute la France; il venait de mettre le comble à nos douleurs en ajoutant un nouveau forfait à tous ceux commis envers nos princes légitimes.

Madame Elisabeth, sœur de Louis XVI, venait de terminer sa douloureuse carrière d'après un jugement aussi inique que ceux du Roi et de la Reine. Prononcer le nom de madame Elisabeth, n'est-ce pas nommer toutes les vertus? Aussi sera-t-il toute ma vie présent à ma pensée, ainsi que le trait magnanime de la fille de Louis XVI, qui, lorsqu'on lui enleva son auguste tante, dit aux sbires : « S'il faut « me mettre à vos genoux, m'y voilà..... « Pensez, ajouta-t-elle avec une noble « fierté, que ce n'est pas la vie que je vous « demande, je serais incapable de cette « bassesse. »

O Français! c'est ainsi que vous avez navré de douleur ceux que la Providence avait fait naître vos princes et vos rois, que vous avez créé les plus cruelles agonies pour faire précéder leur trépas des souffrances les plus longues et les plus amères; et vous ne songez pas à désarmer le ciel!

J'étais dégoûté du séjour de Constance; mes connaissances intimes l'avaient quitté: je résolus de les imiter. Je ne faisais plus que végéter; ma plume confidente me tombait des mains. Je ne prenais plus goût à rien: la série de malheurs qui acccablait ma patrie, d'où je ne recevais plus de nouvelles, avait rendu ma vie tout-à-fait insipide. Nous n'apprîmes pourtant pas sans intérêt la chute de l'infâme Robespierre ; mais ce n'était qu'une tête de l'hydre qui en conservait encore beaucoup. Un Allemand, à qui cette nouvelle ne fit pas moins de sensation qu'à nous, nous dit alors : « Il est « vrai, messieurs, que la France vient « d'être purgée d'un des plus horribles « monstres qui aient paru sur la terre ; mais « quelle estime pouvons-nous, nous au- « tres étrangers à vos troubles, accorder « à une nation qui l'a idolâtré, qui a en- « censé ses crimes ? »

Je quittai Constance, un des premiers jours du mois d'août 1794, par un temps magnifique. Je m'embarquai sur le lac, dans un bateau immense, et plein de voyageurs de toute espèce. La pipe et l'eau-de-vie sont d'une grande ressource dans ces sortes d'embarcations, et l'on y en faisait usage avec profusion : ce qui n'était ni de mon goût ni de celui d'une grande et superbe personne qui retournait à Munich.

Je dois parler ici d'une séparation qui me fut bien pénible ; il me restait la jolie chienne qui nous avait suivis, et que, par complaisance, j'avais donnée à notre hôte. Je n'en avais, jusqu'alors, été séparé qu'à demi ; mais cette bête, modèle de fidélité et de bonté, me suivit jusqu'à mon embarquement : ses beaux yeux, car ils étaient superbes et pleins d'expression, étaient attachés à tous mes pas, et ne cessaient de me fixer ; je vis, en montant dans le bateau, qu'elle s'y serait précipitée avec moi, si son nouveau maître ne l'eût retenue. Enfin, après le départ, nos yeux ne cessèrent de se porter l'un sur l'autre, que lorsque la distance nous empêcha de nous voir. Pauvre Telême ! (c'était son nom) il est des injustices qui ne s'oublient pas : ce n'est pas moi qui avais cessé de t'aimer, mais je fus injuste. Je n'ai jamais vu le beau tableau d'Agar, et son regard en quittant Abraham et emmenant Ismaël, sans sentir mes yeux humides.

Nous devions traverser le lac dans sa plus grande largeur, pour nous rendre à

Lindau. Notre navigation avait été des plus agréables pendant deux lieues; mais le patron de la barque aperçut un petit nuage, qu'un vent assez vif envoyait de notre côté: il s'empressa de replier la voile, et fit courir aux rames. On voyait de loin, sur la surface du lac, comme une muraille noire, fort agitée, qui venait de notre côté. Les rameurs, effrayés, se dirigèrent en virant de bord vers Mœrsbourg qui n'était qu'à une lieue de nous. Une tempête des plus violentes nous surprit; les fumeurs et les buveurs firent trève au tabac et à l'eau-de-vie, et s'empressèrent d'aider les rameurs. Je crois que nous fûmes véritablement en danger. Pendant ce temps d'alarme, la grande Bavaroise était dans un calme qui m'étonna; je m'approchai d'elle, et, avec un sang-froid imperturbable, elle m'entama le récit de ses aventures qui n'étaient pas sans intérêt. Elle sortait de la maison du millionnaire fortuit, dont j'ai déjà parlé; elle y avait été adressée pour être dame de compagnie des dames: mais l'harpagon voulait que ce fût de lui, ce qui avait si fort déplu à la belle qu'elle lui lâcha pied, et crut qu'elle ne se précipiterait pas assez vite dans notre barque prête à faire naufrage.

Je ne m'étendrai pas davantage sur ses aventures, qui étaient d'autant plus piquantes qu'elle était belle. Le résultat de toutes était que cette personne, infiniment au-dessus de son état, était honnête. Tout occupée du plaisir d'avoir quitté le crapuleux millionnaire et de retourner chez elle, elle ne semblait pas même se douter du danger que nous courions, et dont nous nous tirâmes heureusement, non sans être mouillés comme des carpes, car nous avions été inondés par les vagues.

Je pris la poste et arrivai à Rawensbourg, charmante ville de la Souabe, où je retrouvai beaucoup de connaissances avec qui je séjournai quelques semaines. J'eus la douleur de m'y séparer d'une femme octogénaire, veuve d'un président au parlement de Paris : j'allais tous les soirs à Constance, faire sa partie de reversi pour adoucir ses ennuis. Elle s'était retirée à Rawensbourg, où elle languissait. Cette digne dame me dit, avant de partir : Embrassons-nous, car nous ne devons plus nous revoir dans ce monde ; je me plais à penser que nous nous retrouverons dans l'autre, où Dieu nous dédommagera de toutes les peines que les ennemis de l'humanité nous ont fait souffrir. Puis je repris ma route vers Augsbourg avec deux anciens camarades. Nous passâmes par Wolfeck et Wursach, principauté où nous nous arrêtâmes pour nous rafraîchir. Nous trouvâmes à l'auberge le prince qui fumait une pipe, buvait de la bière avec son bailli et le meûnier, et faisait de la politique ; il me demanda si j'arrivais de France, et si je pouvais lui en donner des nouvelles. Je fuis la France et les nouvelles, lui répondis-je. — Vous avez bien raison, car tout ce qui se passe dans votre France ne vaut pas une pipe de tabac.

Un de mes camarades lui demanda si on était tranquille dans ses états. Je voudrais voir, dit ce prince ; est-ce que je n'y suis pas ? J'y tiens la main (ses états étaient d'environ une lieue). Nous saluâmes l'excellence qui nous dit : *Bon voyage, je me recommande*, et nous continuâmes notre route jusqu'à Memmingen, assez jolie ville où il y avait un mouvement considérable de troupes autrichiennes, et nous poussâmes jusqu'à Augsbourg sans nous arrêter. Nous n'y entrâmes pas sans difficulté : on exigea d'abord nos passe-ports, et que nous ne résidassions que vingt-quatre heures dans la ville, d'après la loi qui était affichée sur la porte, et qui était ainsi conçue : « Il est défendu de laisser entrer « dans la ville aucun étranger sans aveu, « *ni vagabonds, ni voleurs, ni émigrés.* » Cela promettait. Cependant tout s'arrange dans le monde; nous y fûmes bien venus, et j'y fixai ma résidence.

(Ici se trouve une lacune de sept années, pendant lesquelles l'auteur du manuscrit resta à Augsbourg. On ne sait s'il avait continué à écrire ses observations, à retracer la vie qu'il y menait, et les événemens dont il a dû être témoin.)

CHAPITRE XLVIII.

Séjour à Augsbourg.

AUGSBOURG ne me présenta aucun adoucissement dans ma situation, ni aucune espérance pour l'avenir. Cette ville, toute commerçante, n'offrait de ressource qu'à ceux qui avaient ou de l'argent ou de l'industrie. Beaucoup de Français s'y étaient réfugiés, et avaient obtenu d'y séjourner, malgré la défense affichée de n'y recevoir, ni *vagabonds*, ni *voleurs*, ni *émigrés*. Chacun s'y était casé de son mieux; on se faisait des visites à la manière des pauvres gens : cela n'empêchait pas que l'intrigue, qui se fourre partout, n'y eût établi son foyer et ses bureaux.

Partout on se plaignait des malheurs publics, et néanmoins on allait au bal, à la comédie et au cabaret, comme à l'ordinaire.

On lisait des journaux, on faisait des nouvelles ; les maris trompaient leurs femmes, et les femmes les maris : l'étude ennuyait ; on faisait des dettes, des banqueroutes, mauvais ménage et on entretenait des filles.

On communiquait peu avec le bourgeois : cependant il y avait en général, dans cette ville, un bien bon esprit, et des personnes extrêmement obligeantes.

J'avais quelques lettres de recommandation qui me furent d'un grand secours ; je trouvai chez ceux auxquels on m'avait adressé tous les témoignages de la bienveillance et de la bonté, et de plus la ressource de communiquer par la voie du commerce avec la France, dans un moment où toute correspondance était très-dangereuse, comme on le va voir par l'exemple suivant :

Un homme de notre société écrivait à sa femme par le moyen de l'encre sympathique : cela lui réussissait assez bien. Cependant il eut un jour l'imprudence de confier une de ses lettres à une personne qui retournait d'Augsbourg à Paris ; celle-ci mit la lettre à la poste : elle s'était chargée d'écrire l'adresse. Cette lettre était pour une demoiselle chez laquelle était cachée la femme de celui qui l'avait écrite. Heureusement qu'au lieu de *mademoiselle*, le commissionnaire mit *madame*. Il arriva qu'un des agens de la police (et ils sont si obligeans dans cette partie !) vint chez la dame, avec la lettre décachetée, dont il avait fait revivre l'écriture. Il lui demanda si elle la connaissait, ainsi que l'auteur. Cette dam en'en avait aucune connaissance ; mais comme elle se douta qu'on s'était trompé d'adresse, et que la lettre était pour la dame cachée, elle eut la générosité de se laisser dire les choses les plus insultantes de la part de l'agent. Comme la lettre ne contenait que des choses tendres, ainsi qu'un mari doit en écrire, il se permit de traiter cette affaire d'intrigue amoureuse ; mais il emmena la dame, et la conduisit en prison à vingt lieues de là : elle y subit interrogatoire sur interrogatoire, et ne put être libre qu'au bout de trois mois.

Mon goût pour la peinture m'avait fait

quelques amis dans la ville; j'y retrouvai le comte de Fugger, qui était alors ministre du cercle de Souabe, pour l'empereur d'Autriche. Il me pria de faire le portrait d'une chanoinesse qui allait se marier : je l'acceptai; et, malgré la médiocrité de mon talent, le portrait fut parfaitement accueilli. Il me valut, pendant le cours des séances, des confidences qui me prouvèrent que partout les mariages se font souvent plus par convenance que par sentiment. Si j'avais eu des larmes à peindre, j'en avais sous les yeux une source abondante, et j'aurais pu même y joindre celles que j'y mêlai quelquefois en considérant ma belle victime; car elle était belle. Son prétendu était petit, laid et amoureux, non comme un fou, mais comme un enragé; il venait à tout moment couvrir de baisers cette bonne et douce chanoinesse, à laquelle il déchirait le cœur : mais l'arrêt était prononcé; les familles l'avaient décidé : le mariage se fit.

Quand ce portrait fut achevé, il fallut le faire voir à la famille, et j'obtins la permission de le présenter moi-même à la sœur de la mariée. On me fit entrer dans un appartement charmant et du meilleur goût; je trouvai, dans le lit le plus élégant, une femme : quelle femme! grand Dieu! mes yeux en furent éblouis. Qu'on imagine tout ce que la nature s'est plu à produire de plus beau; une grande personne blonde, plus blanche que l'albâtre, et dans cet heureux désordre supérieur à l'art, et qui ne dérobe de charmes qu'autant que la décence le permet. Elle avança, pour prendre ce portrait, une main et un bras : ah! quelle main! quel bras! Je ne dis rien de tout ce qui se réunit à ce divin aspect, pour enchanter mes yeux; la grâce qu'on mit à faire l'éloge du portrait, et les beautés qu'on me montrait, suffisent pour que la ville d'Augsbourg soit éternellement présente à ma mémoire.

Il est deux conditions que je déplore : ce sont celles des princes et des courtisans. J'ai toujours été assez heureux pour me tenir éloigné de l'une et de l'autre; mais je me suis réservé de les observer. On trouvait à Augsbourg toutes les agences des puissances belligérantes, et celle de l'infortunée maison de Bourbon. Je ne sais si c'est s'aventurer que de dire que, parmi les agens de tous les partis, on était plus occupé de faire ses propres affaires que celles dont on était spécialement chargé.

Je me tairai sur leurs intrigues autant par discrétion que par raison. Il faudrait écrire des volumes pour tout dire, et quoi dire ? comment les princes sont trompés; comment les honnêtes gens sont écartés; comment le serviteur fidèle, le serviteur agissant, le serviteur utile et incorruptible est persécuté, calomnié, sacrifié, et comment les plus grands intérêts sont souvent remis en des mains impures et incapables. Combien toutes ces choses arriveront encore, jusqu'à ce qu'on voie renaître les beaux jours de la monarchie française, sous l'empire des Bourbons!

J'ai vu à Augsbourg un ambassadeur régner sur tous les cabinets; je l'ai vu diriger les opérations de la Suisse, et faire mourir de chagrin le respectable et intègre avoyer Steigre, chef de la république de Berne; je l'ai vu dissiper les beaux corps suisses qui s'étaient formés pour sauver la France; je l'ai vu se réjouir du départ de Souwarow, et indifférent au sort des émigrés qui, venant de la Volhinie, se remettaient sous les bannières royales de l'immortel Condé; je l'ai vu se jouant de la dispersion des alliés, et plus refroidi que jamais sur la cause des rois légitimes. J'ai vu tous les agens, qui se disaient dévoués à Louis XVIII et aux princes, attendre avec impatience les jours de paie, pour les passer dans des orgies outrageantes pour les généreux chevaliers qui n'étaient riches que de sacrifices et d'honneur. Enfin j'ai vu le général Pichegru, qui s'y était refugié, faire les vœux les plus ardens pour le retour de ses princes et le salut de sa patrie.

Ce fut à Augsbourg que nous apprîmes que, le 8 juin 1795, le Ciel avait mis fin au martyre du jeune et infortuné Louis XVII, qui était né le 27 mars 1785, et qui n'avait eu de jours que pour pleurer et souffrir. Cet ange, supérieur à tous les autres anges, ce rejeton de tant de Rois, rentra dans le sein de ses pères, pour prier pour un peuple accablé sous tous les anathèmes: car voilà comme se vengent les Bourbons, qui ne savent accorder que des grâces à ceux qui se sont rendus dignes des plus grands supplices. Voici le distique qu'un de mes amis a fait pour mettre au bas du portrait de ce jeune roi malheureux :

Un noir cachot a vu Louis né pour l'empire,
Commencer et finir son règne et son martyre.

Mais la tour du Temple conservait Marie-Thérèse-Charlotte de France, sa sœur. A quel destin était-elle réservée ? Toutes ses affections étaient dans le ciel, la terre ne pouvait être pour elle qu'un séjour d'horreur. Auguste princesse! un outrage manquait à votre famille, et vous dûtes le supporter : c'était d'être échangée contre qui ? grand Dieu!........ Le complément de cette liste fut une Théroigne; et ce fut le 8 décembre 1795 que la grande nation se couvrit de cette nouvelle tache.

Cette jeune princesse partit de Bâle, où elle avait été conduite. Dans le trajet qu'elle fit de cette ville pour Vienne, j'eus le bonheur d'avoir un dessin fidèle de son portrait, que j'ai fait graver à Augsbourg, ainsi que celui de l'ange son frère : je ne m'en séparerai de ma vie.

Parlerais-je ici de la promenade que les Anglais firent faire, en octobre 1795, à S. A. R. Monsieur, Comte d'Artois, et à Mgr. le Duc de Bourbon, jusqu'à l'Ile-Dieu, où on les laissa huit jours pour les reconduire en Angleterre. Voilà comme, sous le manteau de la plus insigne politique, se traitent les grands intérêts de ce bas monde!

Ajoutons l'avénement de Louis XVIII au trône, avènement qui aurait dû ouvrir les yeux à toute l'Europe, et la décider à seconder ce prince de toutes ses forces, pour le rétablir, pour tuer l'hydre, et cimenter à jamais la paix la plus solide et la plus honorable ; mais cette Europe était encore frappée du funeste aveuglement sous lequel elle gémissait.

Louis XVIII s'était rendu à l'armée de Condé; on avait vu à Vienne cette démarche de mauvais œil : ce fut de sa cour, si versatile pendant le cours de la révolution, qu'arriva à ce Prince l'ordre de s'en éloigner. Le général Wurmser et le baron de Summerheu le lui signifièrent; et ce fut ensuite que ce Roi légitime et fugitif reçut, le 19 juillet 1795, à Dillingen, ville sous la domination de l'électeur de Trèves, évêque d'Augsbourg, et son oncle, un coup de carabine, qui le blessa grièvement à la tête. Il ne fut pas fait une seule démarche pour découvrir l'auteur du crime dont ce prince généreux défendit qu'on s'occupât.

La ville d'Augsbourg, célèbre par la fameuse confession de ce nom, a conservé une maison de Jésuites, la seule peut-être qui soit restée en Europe. J'eus occasion d'y aller plus d'une fois, et je dois dire que j'y contractai des liaisons qui sont toujours chères à mon souvenir. Si, dans le cours de ma vie, j'ai rencontré une harmonie vraiment céleste, c'est dans cette maison, dont un bon et respectable religieux me dit que chacun y obéisssait, et que personne n'y commandait. J'ai regardé comme une faveur de la Providence d'avoir été à portée de visiter cette maison, modèle des vertus douces et clémentes que le Ciel met dans les belles âmes. Quelle aimable conversation j'eus avec ces bons pères! quelle sagesse dans leur conduite! quel éloignement j'y remarquai pour la politique machiavélique qui remue le monde! quelle idée juste on s'y faisait de notre vie passagère et de la vie future! Bons pères, vous avez versé un baume consolateur dans mon âme. Si, avant de quitter la vie, j'obtiens quelque adoucissement sur la terre, je me plairai toujours à reconnaître que je le dois aux précieux entretiens que j'ai eus avec vous. Je vois et verrai toujours cette image si bien peinte du Sauveur du monde, qui est à l'entrée de votre maison, et dont les regards touchans et bons vous suivent partout, et semblent vous dire : Venez à moi, vous tous qui êtes affligés, et je vous consolerai.

Ce que je ne dois pas passer sous silence,

c'est la vénération que les réformés d'Augsbourg ont pour ces mêmes Jésuites; elle est telle qu'ils font tous élever leurs enfans dans cette édifiante maison.

J'ai remarqué dans la ville d'Augsbourg un goût inné pour la peinture. La plupart des maisons y sont peintes à fresque : on y voit des tableaux d'une grande beauté et d'une composition supérieure. La maison de ville, qui est un bâtiment remarquable en renferme beaucoup, entr'autres un qui est de Rothammer; il est à l'extérieur d'une des faces de la tour qui est très-élevée : il représente un événement célèbre de la vie de sainte Adélaïde.

Une dame de notre société qui portait ce nom, et qui désirait avoir quelques détails historiques sur la vie de sa patrone, y trouva un trait frappant. Cette sainte, née d'un roi de Bourgogne, avait été mariée à un roi d'Italie. Devenue veuve, et toujours belle, elle resta sans appui, et tomba entre les mains d'un certain Bérenger qui se fit couronner roi d'Italie, et qui accabla d'outrages cette sainte personne. Après beaucoup de malheurs, elle fut vengée par l'empereur Othon qui l'épousa. Ce trait d'histoire est peint avec une grande supériorité : la dame dont je viens de parler et moi l'avons souvent admiré.

Je m'étais porté à Munich, où j'étais bien aise d'aller rendre mes hommages au nouvel électeur, le prince Max....., que j'avais revu à Manheim, et qui m'avait obligeamment envoyé la permission d'entrer dans ses états. Je passai par la ville de Dachau, résidence où il a un château que je voulus voir, parce que les jardins en sont vantés. Tout y était renversé; les belles statues étaient brisées, la plupart plantées dans la terre, la tête en bas, les jambes en l'air; tous les canaux, les cascades et autres objets de ce genre, étaient détruits; enfin ce n'était que ruines, et tout cela l'ouvrage des soldats. J'y vis un vieux portier qui me fit l'histoire de ses hauts faits, et qui, depuis cette époque, ne pouvait plus bouger de son lit, parce qu'on lui avait cassé les reins à coups de crosse de fusil et de pommeau de sabre. *Fructus belli.*

Je vis cette ville de Munich, que je dois citer comme une des belles villes d'Allemagne ; les maisons régulièrement bâties et ornées de beaux tableaux à fresque, les rues spacieuses et alignées, la rendaient extrêmement agréable. Je voulais y prolonger mon séjour ; je fus adressé, pour loger, à un baron qui avait été ambassadeur, et qui avait le titre d'excellence : je lui demandai très-respectueusement si l'on pouvait avoir l'avantage de trouver un logement chez son excellence. Oui, en payant, répondit-elle. Elle me montra elle-même toutes les chambres, en me disant : Vous jouirez de toutes ces choses-là en payant. Je lui demandai si, comme on me l'avait dit, je pourrais partager sa table. — Oui, en payant ; tel était son refrain : on pouvait tout avoir chez elle en payant, même être servi par la gouvernante qui ne laissait pas que d'avoir une *excellente* tournure. Tout allait bien jusque-là ; mais lorsqu'il fut question de fixer le prix de toutes ces choses, l'excellence l'éleva si haut que je ne me trouvai ni digne ni en état de l'accepter, et je pris congé d'elle.

Mais j'aurais cru lui manquer si je ne lui avais pas demandé combien je devais lui payer les momens qu'elle avait daigné passer avec moi ; elle eut la bonté de me dire que, pour cette fois, ce serait gratis.

Je voudrais parler de la beauté des jardins du prince, qui sont arrosés par divers bras de l'Iser, et qui sont vastes et enchanteurs ; mais tout le monde les connaît, ainsi que la résidence qui n'est belle que dans l'intérieur.

Je m'abstiendrai de parler aussi de la cour de Munich, et de la galanterie de ses antiques baronnes ; mais je ne puis taire une innovation qui m'y frappa : ce sont les uniformes chamarrés et chargés de broderie, que tous les Etats ont adoptés. J'allai, un dimanche, à la messe de l'électeur ; la chapelle en était remplie. J'avais à côté de moi un personnage dont le riche habit m'en imposait. Je le priai cependant de me dire le nom de quelqu'un que je croyais reconnaître. Il me répondit gravement que, n'étant que garçon apothicaire de la cour, il ne pouvait connaître tous les visages qui y paraissaient. Je compris qu'en effet, par état, ce n'était pas des visages dont il s'occupait le plus.

Munich renferme de superbes édifices et des tableaux estimés : je ne puis en oublier un très-antique, que l'on me fit voir, je ne sais plus dans quelle église ; il représente le martyre de plusieurs Jésuites que l'on pend au Japon : on y voit, sur le premier plan, quelques Jésuites, leurs confrères qui jouent du violon pendant l'exécution.

J'allai voir aussi l'église des Jésuites, qui est un chef-d'œuvre d'architecture ; la voûte est admirable, et tellement surbaissée qu'elle étonne par sa hardiesse. On me dit qu'avant d'ôter l'échafaudage de cette voûte, on avait fait craindre à l'architecte qu'elle ne s'écroulât, et que, malgré la supériorité de son talent et la certitude du contraire, ce malheureux architecte, entendant un craquement dans l'édifice, pendant qu'on défaisait cet échafaudage, fut saisi d'une telle frayeur qu'il courut à l'instant se précipiter dans l'Iser, d'où on ne put jamais le retirer.

Je désirai, pendant mon séjour, être

présenté au prince, et lui faire ma cour; mais les temps et les choses étaient changés. Le prince ne se souvenait que des noms, et ne recevait plus les personnes : je ne fus point admis, non plus que ce qui portait le nom d'émigrés. Cependant beaucoup de familles françaises s'étaient fixées à Munich et en Bavière, par raison d'économie: car nulle part on ne vit à si bon marché.

On ne pouvait nombrer la quantité de chevaliers de Malte qui s'étaient fait élire dans les Etats du duc de Bavière, où le fameux grand-maître de Hompesch s'était retiré, et que j'eus le plaisir, à son passage à Munich, d'entretenir. Je ne ferai aucune remarque à son sujet; mais, d'après les ouï-dire, si le nombre des chevaliers devait toujours croître dans cette proportion, on aurait bientôt vu une armée de ces nouveaux chevaliers, assez formidable pour reconquérir l'île qui n'aurait jamais dû leur être arrachée.

Une chose assez remarquable dans les mœurs de ce pays, c'est que tous les soirs la bonne comme la mauvaise compagnie se réunit dans les auberges ou cabarets ; pour y manger, ou jouer, ou politiquer. Hommes et femmes de tous états y vont : j'y ai vu des excellences, des généraux, des conseillers, etc., et il règne un fort bon ton dans ces rassemblemens.

J'ai vu, dans cette Bavière très-catholique, et où la laideur du sexe est fort rare, régner partout une grande piété. Nulle part on n'est plus décent dans les églises, et plus scrupuleux pour observer les heures où l'on doit prier. Partout, quand *l'angelus* sonne, on s'arrête, on se découvre, et on fait cette prière. Nous autres étrangers aurions scandalisé le peuple si nous ne nous y fussions pas conformés ; pour dire son *angelus*, on interrompt tout, travaux, jeux et plaisirs.

J'ai vu pleurer lorsque l'électeur a fondé une chapelle luthérienne pour sa nouvelle femme, princesse de Bâden ; mais tout change ici-bas, et nous avons une preuve frappante que le bonheur fatigue. Le voisinage des Français peut singulièrement influer sur ces respectables mœurs ; et l'homme est si mobile dans sa foi, que l'exemple du canton de Zurich, qui, d'excellent catholique qu'il était, devint, en vingt-quatre heures, fanatique outré dans l'hérésie de Zwingle, doit faire craindre pour les Bavarois.

Plusieurs familles émigrées, même d'un rang distingué, s'étaient jetées dans le commerce. Il y avait à Munich une boutique très-opulente, tenue par un colonel dont la femme présentait l'aune avec une grâce et une aisance particulières. On n'osait pas marchander dans ce magasin; et j'ai ouï dire que ce n'était pas ce qu'on faisait de mieux. Il y avait un magasin de modes, tenu par une très-belle et très-aimable dame d'un rang à peu près égal : c'était là que la cour se fournissait en nouveautés. J'en vis de fort remarquables et fort intéressantes. Beaucoup de demoiselles émigrées y étaient ouvrières ; elles nouaient les rubans, et faisaient les bouquets à merveille. La dame se livrait volontiers à la conversation, même à la politique, et faisait des plans de contre-révolution. Ce qui me frappa le plus, dans tout cet ensemble, ce fut d'y trouver plusieurs dévotes célèbres et des chanoinesses ; je ne pouvais faire entrer dans ma tête qu'une ouvrière en modes pût s'occuper de son salut.

Un événement vint hâter mon départ de cette ville. J'étais paisiblement occupé dans mon appartement, lorsqu'un commissaire de police et quatre soldats vinrent me signifier l'ordre de les suivre chez M. de Beaumgarten, ministre de la police. Je trouvai l'avis aussi étrange que sévère ; mais je me résignai sur-le-champ, et j'obtins de ces messieurs, dont je dois louer la complaisance et l'honnêteté, de les devancer, afin de ne pas traverser la ville comme un criminel. Je parus devant le ministre qui, dès qu'il m'aperçut, me dit : Monsieur, je vous demande pardon ; ce n'est pas vous que je demandais, c'est un certain monsieur qui porte presque votre nom, et que nous n'aimons pas. Cette réception et cette méprise me dégoûtèrent de la ville de Munich. Je pris la liberté de dire à son excellence que, dans la crainte d'être un jour haï d'elle, je prenais congé, et que le lendemain je quitterais Munich pour n'y plus revenir.

Mais, avant d'en partir, je veux raconter une anecdote assez plaisante. Il était d'usage qu'à la procession de la Fête-Dieu, l'électeur la suivît avec toute sa cour. Lorsqu'on arrivait au château, on posait le Saint-Sacrement dans la chapelle, et la procession était suspendue pendant une heure et demie. Un jour de cette fête, le prince avait, selon l'usage, suivi la procession : il voulut sortir pour quelque affaire; il entendit du bruit au billard, et il y entra. Quelle fut sa surprise, en voyant le clergé qui faisait une partie de poule en ornemens pontificaux ! Il ordonna sur-le-champ qu'on fît venir un peintre de la cour, et lui commanda de faire un tableau de ce qu'il voyait. Ce tableau a été placé dans le billard, pour y rester à perpétuité : c'est la seule punition qu'il exigea pour ce scandale : chaque ecclésiastique y est ressemblant.

En sortant de Munich, je vis Ingolstadt, Nuremberg, Anspach et autres lieux.

CHAPITRE XLIX ET DERNIER.

Retour en France.

Enfin, fatigué de voir partout la vertu dédaignée et le vice triomphant, ranimé par l'espoir que les fils de Saint-Louis pourraient remonter sur leur trône, depuis qu'un sujet élevé et entretenu par eux, après avoir obtenu le nom de héros, était élevé à une dignité aussi nouvelle que surprenante en France (si l'on pouvait être surpris, après avoir vu adorer Robespierre), je me décidai à retourner dans ma patrie, à l'exemple du plus grand nombre. J'espérais que cet homme mériterait ce nom de héros, en rendant à notre véritable maître la couronne de ses pères. Je me flattai que la grande leçon qu'avaient reçue les Français de tous les partis leur servirait pour rentrer dans l'obéissance et dans les sentimens de royalisme dont nos aïeux avaient tiré leur lustre.

Un honnête paysan français qui, depuis plusieurs années, s'était fait le commissionnaire d'un certain nombre de familles qui envoyaient des secours à leurs parens émigrés, était arrivé tout récemment à Augsbourg pour cet objet. Selon son usage, il devait être le conducteur et le guide de ceux qui désiraient retourner dans leurs familles. Un de mes amis et moi nous arrangeâmes avec lui pour qu'il nous menât jusqu'au-delà des Vosges, d'où nous devions regagner nos foyers.

Ce bon paysan, qui ne voulait se charger que de mon ami et de moi, comme la prudence le lui commandait, fut cependant forcé de se composer une caravane de six hommes, de deux femmes et d'une petite fille agée de dix mois.

Dans quel lieu du monde peut-on se flatter de ne pas rencontrer d'égoïstes? Notre caravane en comptait quatre, ennemis de toute gêne, quoique très-galans, et qui redoutaient par-dessus tout de voyager avec des femmes.

Il fut donc décidé qu'on prendrait deux voitures pour nous conduire jusqu'à Fribourg en Brisgau. Les quatre inséparables s'approprièrent la première, et mon ami et moi acceptâmes de partager l'autre avec les dames et le petit enfant. Notre guide devait alternativement passer du siége d'une voiture à l'autre, pendant le cours de notre marche.

Le 17 mars, à huit heures du matin, j'allai avec mon ami prendre nos voyageuses, que nous trouvâmes occupées à débarbouiller leur petite fille qui criait comme un démon. L'une de ces dames était âgée de soixante-sept ans, frêle, caduque et fort grognarde ; l'autre était sa petite-fille, jolie comme un ange, et mère de la petite crieuse : elle était dans sa vingt-quatrième année. Elles nous firent un très-bon accueil, et nous témoignèrent une vive satisfaction d'avoir à voyager avec nous : elles en réclamèrent, avec beaucoup de politesse, des secours qui pourraient devenir précieux pendant le cours d'un long voyage.

Le mari de la jeune dame était auprès d'elle; il ne devait pas l'accompagner : des raisons exigeaient qu'il demeurât encore quelque temps en pays étranger. Je ne vis pas la séparation de ce ménage, sans éprouver une émotion vive et difficile à décrire. Cette charmante femme fondait en larmes; son époux lui faisait de graves adieux; la vieille maman grognait; l'enfant s'égosillait ; notre cocher s'impatientait et jurait comme un Tartare.

Enfin, nous prîmes place dans la voiture; nous nous y entassâmes sur des monceaux de paquets; le cocher fouetta, et nous ne tardâmes pas à perdre de vue la ville d'Augsbourg. Le temps était détestable; il faisait froid; la terre était couverte de neige; il en tombait encore abondamment; tous les frimas accompagnaient notre marche : la grand'maman ne cessait de gronder, l'enfant de crier et la petite dame de pleurer ; mais ses larmes ne ternissaient ni ses yeux charmans, ni les roses de son visage.

Cette scène ne varia point depuis Augsbourg jusqu'à Burgaw, ville petite et triste. Nous n'eûmes qu'à nous occuper du dîner, et à faire tous nos efforts pour adoucir l'humeur de notre douairière, et calmer la douleur de la belle désolée. Après un dîner médiocre et mélancolique, pendant lequel nous ne nous entretînmes que de choses insignifiantes et de lieux communs, sur le chapitre des consolations, nous nous remîmes en route, et cheminâmes sans diversion à l'humeur, au chagrin et à l'ennui, jusqu'à Guntzbourg, où nous passâmes la nuit. Nous avions fait alors dix lieues depuis Augsbourg.

Les villes de Burgaw et de Guntzbourg méritent à peine qu'on en parle : elles possèdent chacune un château, séjour des baillis et des chouettes du pays. Nous n'eûmes aucune curiosité d'aller les visiter : le temps n'y engageait pas.

Le lendemain 18, le ciel était serein ;

les yeux de la jeune maman l'étaient aussi. On déjeuna sans être triste : on enveloppa bien l'enfant, et la caravane se remit en route. Notre marche jusqu'à Ulm devint plus agréable : le rire dissipa de temps en temps la mélancolie; peu à peu la conversation s'anima, et se fixa sur des objets aimables et intéressans. La douairière grognait bien un peu par intervalle; mais la petite fille ne s'en effarouchait plus autant. On entama l'apologie du sentiment; on parla de la vertu des femmes : la jeune beauté ne prétendait à rien moins qu'à en être le modèle. Je doute qu'on puisse déraisonner plus complétement et en même temps d'une manière plus aimable que notre héroïne. J'aurai occasion d'y revenir.

Je reconnus bientôt que l'amour-propre était sa passion dominante. Elle avait de la grâce, de la vivacité dans l'esprit, parfois une amabilité qui charmait; ajoutez à cela qu'elle n'était en défaut sur rien: elle savait tout prévoir; elle connaissait parfaitement le cœur humain; elle se jouait de ses faiblesses et des malheureux mortels qui se laissent subjuguer par le charme de deux beaux yeux, ou par l'attrait d'un joli visage. Ces êtres lui paraissaient peu dangereux, et dignes d'habiter les petites-maisons. Elle avait, disait-elle, rencontré souvent des personnages de ce genre, qu'elle avait tout-à-fait corrigés. Nous nous permîmes, mon ami et moi, de douter des conversions faites par un pareil maître, dont les yeux me paraissaient plus à redouter que la férule, et elle répondit à nos plaisanteries avec autant d'agrément que d'esprit. Cette dissertation animée nous fit oublier la longueur du chemin jusqu'à Ulm, où nous arrivâmes assez gaîment, malgré le froid rigoureux que nous éprouvions.

La ville d'Ulm est grande et peuplée; mais elle n'est pas belle. Les Autrichiens étaient occupés, depuis près de trois années, à l'entourer de retranchemens formidables. En attendant notre dîner, nous allâmes voir ces travaux; nous y trouvâmes un grand nombre d'ouvriers travaillant sous la direction d'un ingénieur gonflé d'amour-propre. Il nous vanta cet ouvrage comme une des conceptions les plus brillantes, défiant aucune puissance humaine de franchir ces remparts qui devaient garantir l'Autriche et ses alliés de toute incursion de la part de l'ennemi. Nous l'écoutions en silence; et, en parcourant ces lignes, nous ne pouvions nous empêcher de faire de tristes réflexions sur les vicissitudes des choses, et de penser que, malgré la confiance de l'ingénieur, ces travaux, qui coûtaient déjà de grandes sommes, ne pourraient garantir ni la Bavière ni l'Autriche d'une invasion soudaine, d'autant que le Danube qui, dans cet endroit, est peu large, n'avait, dans aucun temps, arrêté des armées, et ne semblait pas moins facile à franchir.

Cette promenade nous avait donné de l'appétit. Notre dîner fut expédié avec autant de promptitude que de gaîté : il fut accompagné de quelques plaisanteries agréables sur les diversions que les circonstances apportent souvent aux peines du cœur. Nous prîmes ensuite du café, en considérant encore une fois le Danube qui roulait paisiblement ses ondes sous nos fenêtres, et nous lui fîmes nos adieux dans l'espoir de ne le revoir jamais.

Notre gaîté nous suivit jusqu'à Echingen, malgré quelques boutades de la douairière, dont la jeune maman ne pouvait se garer, quoiqu'elle se défendît comme un petit dragon. Nous eûmes un mauvais gîte, et un souper à l'avenant. Toute la caravane se trouvait réunie. Mon ami et moi débutâmes ici dans un genre de fonctions pour lesquelles nous étions bien neufs l'un et l'autre : ce fut de laver les drapeaux de l'enfant à une fontaine qui était au milieu de la rue ; mais il y avait urgence. Il faisait un froid excessif, et nos dames étaient incapables de s'aider elles-mêmes. Nous nous acquittâmes de cette fonction avec autant d'empressement que de plaisir, en dépit de quelques quolibets de nos autres compagnons égoïstes. Mais comment se refuser à rendre un service aussi essentiel en pareille circonstance ?

La journée du lendemain commença sous de fâcheux auspices. Il neigeait ; la bise soufflait avec violence ; nos dames se querellaient ; l'enfant criait ; le cocher impatient jurait, et nos égoïstes ricanaient malicieusement de notre contenance au milieu de ce brouhaha.

Nous supportions cependant assez bien ces petits événemens ; et, comme les orages ne durent pas toujours, peu après notre départ, la vieille maman s'apaisa, l'enfant s'endormit, le cocher siffla une walse, la neige et le vent cessèrent, la conversation reprit son train, la musique même s'en mêla, et, tout en chantant et en racontant quelques historiettes, nous arrivâmes assez joyeusement à Ridlingen pour dîner. Ce lieu n'était ni assez beau, ni assez intéressant pour nous engager à sortir. Nous ne nous occupâmes que du repas qui fut plus abondant que succulent ; nos épicuriens, tout en murmurant contre le peu de délicatesse des mets, ne perdaient pas un coup de dent. Nos soins et nos attentions pour nos compagnes nous valaient, de temps à autre, quelques plaisanteries qui ne restaient pas sans réplique ; et, comme de part et d'autre on apportait beaucoup d'honnêteté, cela rendait nos réunions agréables, et nous faisait oublier les soucis du voyage.

Nos départs, après les dîners, étaient tou jours précipités ; le soleil se couchant encore de bonne heure, les dames désiraient ne pas marcher de nuit. Le déclin du jour était pénible pour nous ; il devenait l'occasion des contrariétés qu'elles réservaient pour ce moment. Celle qui eut lieu avant notre arrivée à Mengen, où nous couchâmes, fut assez plaisante. La jeune dame avait un recueil de jolis couplets, qu'elle se plaisait à chanter pendant notre marche : elle les tenait à la main lorsque l'enfant qui était sur les genoux de sa bisaïeule, pressé par un besoin, inonda sa robe. Il fallut remédier à l'accident. Le linge manquait : on eut recours au papier ; on n'en trouvait point : la vieille s'empare des couplets ; la jeune les reprend : une lutte s'engage ; les couplets passent deux ou trois fois de la main sèche à la main potelée, et finissent par rester à l'aïeule, qui les sacrifie, sans égards et sans pitié pour la propriétaire qui ne put s'empêcher d'y donner des larmes.

Notre gîte, à Mengen, était fort maussade : nous soupâmes en commun avec toute sorte de gens, au milieu d'une foule de soldats et de vivandières, et environnés d'un tourbillon de fumée de pipes, qui nous étouffait. Nous approchions du gros de l'armée autrichienne qui occupait une partie de ce pays. Nous n'eûmes rien de plus pressé, après notre triste repas, que d'aller sur nos grabats attendre, au risque d'une insomnie, que le jour fût venu, pour nous échapper de l'espèce de caserne où nous étions tombés. Nous fîmes auparavant la petite lessive des drapeaux, en nous gelant les doigts, et après avoir entendu le rabâchage de la vieille mère qui commençait à se détraquer.

Le lendemain, personne ne se fit attendre pour le départ; le sommeil ne nous avait pas engourdis. Après le déjeuner, nous sautâmes dans nos voitures comme des oiseaux qui dénichent. La vieille maman fut la seule qui se fît traîner ; la fièvre et la mauvaise humeur s'en étaient emparées. Elle mit à l'épreuve la patience de mon ami et la mienne. La petite fille, accoutumée à ses manières, se regimbait toujours. Ces sortes de tracasseries nous affligaient, et nous fûmes, pour cette fois, obligés de convenir que nos compagnons les égoïstes avaient été fort sages de nous laisser la charge du fardeau qui en devenait un réellement, malgré le charme que nous pouvions goûter dans la société de la jeune dame ; mais nous étions engagés, et je puis dire que nous prouvâmes, par nos soins et nos attentions, qu'on sait quelquefois goûter plus de plaisir à soulager des êtres souffrans, qu'à se trouver au milieu des fêtes. Je dois dire aussi, en passant, que si les voyages forment la jeunesse, ils déforment cruellement la vieillesse.

Nous ne voyagions pas dans un beau pays ; le temps d'ailleurs était dur et mauvais ; la neige, couvrant la terre, dérobait autour de nous ce qui aurait été susceptible de flatter nos regards : nous étions réduits à nous clore de notre mieux dans notre équipage. La conversation était notre seule ressource : notre jolie voyageuse qui en faisait volontiers les frais, quand sa mère ne lui imposait pas silence, y mettait tant de charme, que nous ne pensions pas aux intempéries. Elle déraisonnait avec tant de grâce et d'esprit, en soutenant ses systèmes, qu'elle nous enchantait ; elle aurait, je crois, persuadé les plus incrédules.

L'amour est la corde sensible que la plupart des jeunes femmes aiment à faire résonner. Une jeune beauté, vive et piquante, qui s'anime dans une discussion de ce genre, devait être bien sûre de triompher avec des adversaires tels que nous : c'est ce que nous éprouvâmes. Elle était ennemie déclarée de cette passion, disait-elle ; cependant elle voulait la définir, puis nous prouver qu'une femme chaste et timorée, toujours armée contre l'amour, ne se permettait même pas d'en prononcer le mot; et elle s'enfonça dans un labyrinthe de déraison, dont ses yeux pétillans et pleins de charmes pouvaient seuls la tirer.

Cette matinée s'écoula sans que nous nous fussions presque aperçus qu'indépendamment du mauvais temps, les chemins étaient raboteux; que nous n'avions cessé de monter et de descendre des montagnes; que notre cocher pestait et jurait comme un Lucifer, et que la route était couverte de soldats. Nous arrivâmes ainsi à Moerskirch, dans la principauté de Furstemberg: nous y trouvâmes de braves hôtes, et une chambre bien chaude, où on nous servit un dîner passable.

Ici, je commençai à concevoir de l'inquiétude sur la situation de la vieille maman; elle était si affaissée qu'il ne lui restait plus que la faculté de grogner: à peine pouvait-elle marcher; elle ne mangeait plus. Résignés à obéir à notre destinée, nous redoublâmes de soins, pour tâcher de la conduire au port, sans malheur. Il fallait que son état fût inquiétant, puisque le plus intrépide de nos égoïstes en parut presque touché.

Nous partîmes de bonne heure de Moeskirch, dans l'intention de coucher à Stockach, petite ville où j'avais demeuré, et où je désirais revoir mes connaissances; mais je ne devais pas goûter cette satisfaction. Toutes les auberges étaient pleines; la ville regorgeait de soldats : nous fûmes contraints de passer outre. Entre Moeskirch et Stockach nous avions rencontré l'archiduc Charles, qui venait de quitter le commandement de l'armée, et qui était rappelé à Vienne. Jamais général et prince n'a voyagé plus simplement, et avec moins d'équipages que lui.

L'engorgement de Stockach fût cause que nous fîmes deux lieues de plus, par une grande obscurité, et par des chemins si difficiles que nos cochers, qui ne les connaissaient pas, eurent beaucoup de peine à s'en tirer. Nous arrivâmes enfin au village d'Engelfingen. Tout le monde était couché dans l'auberge où nous descendîmes; mais les hôtes, bons et serviables, se levèrent avec plaisir, et s'empressèrent de pourvoir à tous nos besoins.

Le froid était encore augmenté; tout était gelé dans la maison; mais une fontaine, située au milieu de la rue, coulait en abondance: nous y allâmes, selon notre coutume, faire la petite lessive de l'enfant. Pour cette fois il y avait du mérite de notre part, car les linges se mettaient en glaces sur nos doigts, et s'y attachaient.

Parmi les étrangers qui logeaient dans l'auberge, était un capitaine d'infanterie autrichienne qui commandait dans ce lieu, et qui était le seul de la maison qui ne fût pas encore couché. Cet homme obligeant fut d'une prévenance infinie pour nous; il s'empressa de nous offrir sa chambre pour nous réchauffer, et pour y prendre notre repas. Il se mit à table avec nous, et nous força d'accepter du vin de Hongrie dont il avait une petite provision. Les beaux yeux de notre aimable voyageuse ne lui échappèrent pas; il devint galant et tout de flamme auprès d'elle : ce fut au point qu'il l'aurait je crois enlevée, s'il avait osé.

Cela se réduisit pourtant à des actes d'obligeance et de politesse, dont elle n'eut qu'à se louer. Il céda, pour la nuit, sa chambre à la mère et à la fille, et pourvut à tout ce qui était nécessaire pour leur repos et celui de l'enfant.

Ce capitaine avait été prisonnier en France, et en résidence à Lyon ; il s'en louait beaucoup ; faisait l'éloge des moeurs de la société, et du vin du Rhône, qu'il aimait beaucoup. La guerre qui allait commencer n'était point du tout de son goût ; il en augurait mal pour l'armée autrichienne, à cause du départ de l'archiduc Charles qui y était adoré, et dont la présence faisait la plus grande force.

Nous reposâmes tant bien que mal, et, le lendemain 21, nous reprîmes notre marche, après avoir témoigné notre reconnaissance au capitaine. En nous disant adieu, il nous promit de venir nous voir dans nos demeures en France, si le sort voulait qu'il fût encore une fois prisonnier.

La santé de la douairière prenait un

caractère inquiétant; elle avait perdu ses forces, et était tombée dans un assoupissement presque léthargique. Notre trajet jusqu'à Pfora, distant de sept lieues, se passa dans des angoisses et une tristesse terrible. Nous dînâmes dans cette petite ville, où nous passâmes le Danube pour la dernière fois; nous vînmes coucher à Unadingen, bourg de peu d'importance.

Je craignis bien, cette fois, que nous ne fussions obligés de laisser nos dames dans ce bourg; la grand'maman était dans un tel affaiblissement, qu'il fallut la porter de la voiture dans son lit : elle avait perdu l'usage de ses jambes. Cependant elle nous rassura quand elle fut couchée; elle nous dit qu'elle n'était que fatiguée : nous lui fîmes prendre un bouillon, et nous la laissâmes reposer.

Mais nous ne devions pas reposer nous-mêmes. On nous avait servi un fort bon souper dans une salle où un lieutenant-colonel autrichien mangeait seul à une table particulière. Après avoir pris nos places à la nôtre, la conversation s'engagea, la gaîté s'y joignit. Notre joie déplut apparemment à M. le lieutenant-colonel, qui nous demanda, d'un ton impérieux, d'où nous venions, où nous allions. Je satisfis le plus civilement du monde à ses questions. Il ne s'en contenta pas, et nous répliqua brusquement que nous ne devions pas ignorer qu'on ne traversait pas impunément les avant-postes d'une armée, comme nous nous permettions de le faire ; qu'en conséquence, il nous arrêtait au nom de sa majesté impériale François II, et qu'il allait sur-le-champ envoyer une ordonnance au quartier-général, pour y rendre compte de notre arrestation ; qu'avant tout, nous eussions à lui remettre nos passeports, afin qu'il pût, par la même occasion, les faire mettre sous les yeux du général commandant.

Je représentai à cet officier, avec toute la modération et la politesse possibles, qu'il n'était pas fondé à agir envers nous d'une manière aussi arbitraire ; que, comme nous voyagions avec des passe-ports en bonne forme, on ne pouvait s'opposer à ce que nous continuassions notre route, et je lui prouvai que nous méritions de sa part un peu plus d'égards.

Cet homme brutal, incapable d'entendre raison, nous quitta très-incivilement, et alla s'enfermer dans sa chambre. Il faudrait avoir été témoin de cette scène pour juger de l'inquiétude où elle jeta notre caravane; mais le point essentiel était de justifier de nos passe-ports. Je dis d'abord à messieurs les égoïstes : Agissez pour votre compte; si vous avez des passeports, rien de mieux; si au contraire vous n'en avez pas, imaginez au plus vite quelque bonne raison qui vous sorte d'embarras. Quant à moi, je suis décidé à aller trouver moi-même M. le commandant général, et je me flatte d'obtenir de lui toute satisfaction.

Nous étions tous en règle, excepté nos dames, qui n'avaient pas imaginé que des passe-ports leur fussent nécessaires. Je trouvai moyen d'aplanir cette difficulté; le mien portait que je voyageais avec ma famille : nous convînmes que la jeune dame passerait pour ma femme, que mon ami serait son frère, et que je me trouvais ainsi accompagné de ma grand'mère, de ma femme, de mon beau-frère, et de mon enfant. Je me rendis de suite chez le lieutenant-colonel ; je lui montrai mon passeport, revêtu des signatures du bourguemestre d'Augsbourg, de l'officier qui y commandait les troupes autrichiennes, et du ministre impérial attaché aux armées.

Cette pièce, bonne en soi, me dit brutalement cet officier, pêche essentiellement, en ce qu'elle est signée par le ministre de l'empereur, et que les militaires ne reconnaissent pas son autorité. J'opposai à sa réponse les raisons les plus légitimes ; aucunes ne le persuadèrent. Je pris alors le ton d'égal à égal, et, sans m'écarter de l'honnêteté qu'il devait attendre d'un Français loyal et bien né, je lui fis sentir que mes droits auprès de son maître étaient équivalens aux siens, et que, pour lui prouver qu'il y devait avoir égard, je serais moi-même mon ordonnance ; que j'allais me rendre au quartier-général, m'adresser directement au général en chef, dont j'avais l'honneur d'être connu, et que je ne tarderais pas à rapporter sa décision; qu'il pouvait, de son côté, envoyer telle ordonnance qu'il lui plairait; que même je m'offrais de la conduire dans la voiture de poste que je faisais atteler à cet effet.

Ma proposition fut acceptée, parce que j'avais dit être de la connaissance du général en chef et de son adjudant; et aussitôt la brutalité de M. le lieutenrnt-colonel se convertit en excuses et en offres de services : il me pria de considérer qu'il avait cru de son devoir d'en user ainsi avec nous.

Je rompis cet entretien; et comme il était déjà plus de minuit, nous convînmes que je ne partirais qu'à cinq heures du matin pour Donachingen, qui était à deux lieues en arrière de nous, et où était le quartier-général. Nous arrêtâmes que je serais accompagné d'un de mes compagnons de voyage, et de son ordonnance, qui était un caporal autrichien; j'exigeai, en outre, que ce caporal serait sans armes. Nous nous souhaitâmes ensuite le bonsoir de fort bonne grâce.

Je partis à cinq heures du matin, comme il avait été dit, avec mes deux compagnons; nous arrivâmes assez promptement au quartier-général. L'adjudant-général, après avoir entendu mes raisons, lut la lettre du lieutenant-colonel, haussa les épaules, et nous demanda excuse pour la balourdise de cet officier. Il nous présenta ensuite à M. le comte de Kray, général en chef, qui visa lui-même nos passe-ports, et ordonna qu'on écrivît sur-le-champ au lieutenant-colonel, non seulement de ne plus retarder notre départ, mais d'inscrire lui-même sur nos passe-ports, qu'il était recommandé à tous les postes de nous laisser passer librement, et de nous faciliter tous les moyens de continuer notre voyage, avec injonction de ne plus apporter d'obstacle, et de le signer de sa main.

On peut juger, d'après cela, de l'impression que fit cet avis sur M. le lieutenant-colonel: non-seulement il était très-radouci, mais fort honteux ; il se confondit en excuses et en complimens, et osa nous proposer de nous donner à dîner avant notre départ. Nous le refusâmes très-civilement, et nous prîmes congé de lui sans lui témoigner le moindre mécontentement ; des Français devant montrer partout qu'ils ne sont ni impolis ni vindicatifs.

Ce retard nous fit perdre une demi-journée ; mais nous nous en consolâmes, dans la confiance que nous ne serions plus exposés à de semblables contrariétés. Ma grand'mère, car je conservai jusqu'au bout le titre que je venais d'acquérir, n'était pas malade ; elle ne manquait que de force : ce qui provenait d'inquiétude et de fatigue. Nous la portâmes et l'arrangeâmes de notre mieux dans la voiture, et nous roulâmes par un chemin montueux, bordé de montagnes, de forêts et d'arbres noirs, jusqu'à la ville de Neustadt, où nous passâmes la nuit.

Pendant ce trajet de cinq lieues, le babil ne manqua pas à mes dames ; non seulement elles habillèrent mal M. le lieutenant-colonel, mais les disputes, la grognerie, les minauderies, les cris de ma petite fille, joints à quelques autres petits inconvéniens de sa part, firent notre occupation. De plus, ma femme entama une dissertation sur le combat des sens avec la raison, d'où elle ne put se tirer ainsi que nous.

Neustadt mérite peu la peine d'en parler; c'est un lieu sauvage et plein de ravins : nous y trouvâmes cependant d'excellens hôtes, un fort bon souper et de bons lits ; nous profitâmes de tout cela comme des voyageurs que l'appétit et le sommeil n'abandonnent pas. Nous nous flattions de passer notre avant-dernière nuit, avant d'entrer en France; il est doux de se coucher avec l'espérance.

Le dimanche 23, toute la caravane déjeuna ensemble pour la dernière fois. Nous décidâmes, avant de monter en voiture, que nos deux équipages se sépareraient avant d'entrer à Fribourg, et que chacun descendrait dans une auberge différente; cette mesure nous était dictée par la prudence, et nous avait été recommandée. Nous convînmes aussi que la voiture des messieurs ne partirait qu'une demi-heure après la nôtre : crainte de méprise, nous nous indiquâmes d'avance les auberges où chacun devait descendre.

Le tout arrangé, le vin de l'étrier bu, et les santés portées, nous nous mîmes joyeusement en route, chantant la petite chanson, tantôt de notre crû, tantôt de celui de quelque auteur aimable. Maman se dégourdit et chanta aussi. Nous allâmes le mieux du monde jusqu'au Val-d'Enfer qui mérite parfaitement ce nom, et que nos dames ne connaissaient pas. La hauteur des montagnes, leur escarpement, le noir des arbres, l'obscurité de leur situation, l'étranglement de la route, les voûtes menaçantes des roches; toutes ces choses réunies effrayèrent si fort nos voyageuses, que je vis le moment où elles allaient nous faire rétrograder et renoncer à faire le voyage que nous avions entrepris : ce qui serait infailliblement arrivé si mon frère adoptif et moi n'avions pas feint de nous fâcher.

Nous l'emportâmes enfin, et nous passâmes bientôt de cet état d'angoisse à un vif épanouissement, en trouvant successivement sur nos pas des sites qui s'embellissaient à mesure que nous avançions. Quand le danger est passé, on ne regrette point de l'avoir couru : c'est ce que nos dames éprouvèrent. Le retour du beau temps et l'agréable variété des lieux que nous parcourions, nous firent goûter du charme dans le reste de notre traversée jusqu'à Fribourg, surtout quand nous vîmes le soleil dont nous avions été privés si long-temps, et dont nous commencions à sentir la chaleur.

Je me retrouvai donc encore une fois dans cette ville où j'avais passé des jours si doux. Mais que les temps étaient changés ! La colonie était dispersée ; je n'y trouvai plus personne à qui me recommander, et de nouvelles disgrâces m'y attendaient. Je n'avais nulle envie de perdre mon temps à rechercher mes anciennes connaissances ; j'étais pressé d'accélérer notre rentrée en France. La guerre était sur le point d'éclater; les préparatifs qu'on faisait donnaient lieu de craindre que les hostilités ne commençassent d'un instant à l'autre. Je résolus donc de tout tenter pour passer le Rhin dans le plus court délai. J'allai trouver un commissaire des guerres de ma connaissance, qui venait de s'établir dans la ville; je le priai de faire protéger notre départ par le général Julaye qui commandait dans la place, et auquel il était attaché; il me promit de s'en occuper de suite, et je revins à mon auberge dîner avec nos dames, en attendant le résultat de sa démarche.

A peine étions-nous à table qu'une voiture entra dans la cour. C'étaient nos quatre égoïstes, escortés par quatre soldats ayant la baïonnette au bout du fusil, qui consignèrent ces messieurs à un de leur camarades, avec injonction de ne pas les laisser sortir de leur chambre. La mine allongée de nos compagnons annonçait et leur mécontentement et leur inquiétude; ils s'informèrent de nous si nous éprouvions le même sort qu'eux. Je vis avec peine qu'ils témoignèrent une espèce de dépit d'apprendre que nous étions libres : ce qui était désobligeant de leur part, et répondait mal à tout ce que j'avais fait pour eux pendant notre traversée.

Quoiqu'ils fussent convenus de n'avoir pas l'air de nous connaître dans Fribourg, ils nous nommèrent, et voulurent à toute force nous parler. Il fallut les contenter; mais je ne pus les satisfaire sur la cause de leur arrestation : je la savais d'autant moins qu'un moment après on nous arrêta nous-mêmes, et on nous envoya un sbire pour nous garder à notre tour. Cette mesure, à laquelle je ne pouvais rien comprendre, ne nous présageait rien de bon; cependant je ne me décourageai pas : j'écrivis à mon commissaire pour savoir où en était sa négociation, et comment je pourrais sortir de mes arrêts. Il me répondit qu'il était assuré d'obtenir du général l'ordre de nous laisser continuer notre route, et qu'en attendant, comme j'avais un passe-port en règle, je pouvais sortir, malgré la garde de la police, qui néanmoins pouvait me suivre en ville si elle en avait la fantaisie. Je sortis en effet sans hésiter.

Je me rendis d'abord chez le chef de la police. Cet homme, que j'avais connu pendant mon premier séjour, n'était ni un Sartine ni un Le Noir; il ne connaissait rien des formes polies et gracieuses de ces magistrats formés à l'école de M. d'Argenson, sous des règnes heureux. Il avait puisé ses principes chez les démagogues qui naguère s'étaient emparés de Fribourg, et y avaient apporté le régime tyrannique et inquisitorial des régicides Merlin et Fouché, qui avaient fait de la police une souveraineté monstrueuse dans l'état, après s'être arrogés le droit de vie et de mort, et une indépendance absolue. Ce chef de la police se souvint de moi, mais ne m'en accueillit pas moins sèchement. Nous sommes, monsieur, me dit-il, dans un temps où l'on ne doit plus reconnaître personne. Je lui montrai mon passe-port; il l'examina, puis me le remettant : Le militaire, ajouta-t-il, et le civil sont deux; vous êtes arrêté par mon ordre, et cet ordre vaut bien celui d'un général en chef. J'insistai néanmoins pour n'être pas empêché de me rendre chez le commandant comte de Jullaye, dont l'autorité était, à mes yeux, la première. Il n'osa s'y opposer.

J'allai prendre mon ami qui me conduisit chez ce général, homme aimable et obligeant; il s'empressa de me donner un ordre de sa main pour qu'on me laissât partir et voyager sans trouble jusqu'à ma destination. Je ne perdis pas un instant: j'allai communiquer cet ordre au chef de la police; je le priai de me faire donner des chevaux de poste. Il devint furieux, et me dit d'un ton plein d'humeur: Vous ne pouvez en obtenir que demain. Je me résignai et m'empressai de le quitter bien vite, me promettant de ne le revoir jamais, mais espérant que les Français, qui allaient commencer la campagne, puniraient ce méchant homme de toutes ses impertinences et de tout ce qu'il avait fait souffrir aux honnêtes gens de mon bord.

Je revins donner la nouvelle de notre

délivrance à nos dames qui étaient transies de frayeur. Pour les consoler, je les menai passer la soirée chez mon ami qui nous attendait à souper : nous étions tous de connaissance. Nous profitâmes de cette soirée de liberté pour boire à la santé du Roi Louis XVIII, en formant le vœu de le revoir bientôt sur son trône. J'osais me flatter que le Corse, général-consul, voulait, nouveau Monck, lui rendre sa couronne.

De retour à notre auberge, nous vîmes nos compagnons de voyage toujours prisonniers, et qui nous avaient compromis en se compromettant eux-mêmes; j'eus le bonheur de leur faciliter les moyens de se tirer d'embarras. Nous nous séparâmes, et, le lendemain 24, nous ne partîmes qu'au commencement de la nuit par la malice du chef de la police.

Je ne sais par quelle provocation, mais la police de Fribourg et de toutes les villes du pays avait reçu l'ordre de s'opposer à la rentrée des émigrés en France, et de les forcer à rétrograder en Allemagne :

c'était là la cause des contrariétés que nous avions éprouvées.

Pour en revenir à nos camarades, il fut convenu qu'on leur donnerait ordre de retourner à Augsbourg, qu'on les ferait escorter jusqu'à une lieue hors la ville, et que de ce point ils trouveraient un guide qui les conduirait droit au Rhin, qu'ils passeraient sans difficulté : ce qui fut heureusement exécuté, comme nous l'apprîmes ensuite ; mais nous étions encore destinés à éprouver de nouvelles traverses.

Nous dînâmes à Fribourg. Les chevaux promis ne venaient point : dix fois j'avais été chez le chef de la police ; ses promesses étaient toujours sans effet ; il fallut attendre jusqu'à six heures du soir, et aller déranger ce personnage jusqu'à la comédie, où il était sans penser à nous. A la fin il expédia l'ordre que nous demandions, et nous partîmes à sept heures du soir. Nous serions partis à minuit, plutôt que de demeurer plus long-temps dans un lieu où l'on mettait tant d'acharnement à nous vexer. Nous arrivâmes à dix heures à Emeldingen, chez un maître de poste que je connaissais : c'était un brave homme, honnête et obligeant ; il nous reçut et nous traita bien.

On a bientôt oublié ses peines quand on est conduit par l'espérance ; elle nous était rendue : on nous avait promis que dans la prochaine nuit nous passerions le Rhin, et que nous aurions le bonheur de nous retrouver dans notre patrie. Nous attendions le lever du soleil avec impatience ; nous vîmes cet astre resplendissant avec une joie que nous n'avions pas encore éprouvée depuis que nous étions en route : nous nous figurions que c'était pour la dernière fois qu'il se leverait pour nous dans une terre étrangère. Comme les Israélites, nous fîmes debout notre repas du matin, nos regards tournés vers la terre promise ; avant de porter la coupe à nos lèvres, nous l'élévâmes vers le ciel, en le conjurant de nous être propice. Nous fîmes des adieux touchans à nos hôtes, dont les larmes nous témoignèrent leur sensibilité : les mots *adieu, bon voyage*, qu'ils prononcèrent quand le postillon fit partir les chevaux, nous émurent au point que nos yeux se mouillèrent : nous comblâmes de bénédictions ces excellentes gens.

Tout concourait à nous faire paraître cette journée du 25 mars admirable; les frimas qui nous avaient suivi dans les montagnes, avaient disparu ; nous étions dans une superbe plaine où la végétation s'annonçait de toutes parts ; non-seulement nous ne voyions plus de neige, mais la température était toute printanière, et, si j'ose m'exprimer ainsi, l'haleine du zéphyr qui nous accompagnait était d'une douceur ravissante.

Ma grand'mère ne grognait plus; ma charmante femme ne nous avait paru encore, ni aussi jolie, ni aussi aimable, ni aussi raisonnable, ni aussi spirituelle. Le contentement du cœur est bien véritablement la source du bonheur : nous le goûtions, pendant ces courts instans, dans toute sa plénitude.

Quel changement, grand Dieu! Nous arrivâmes, dans ce contentement parfait, au village de Saspach ; nous devions nous embarquer, à la nuit tombante, sur ce Rhin qui roulait devant nous avec une rapidité extrême, dans un lit immense, au-delà duquel les champs, les arbres, les hameaux français se montraient à nos yeux. L'espérance vint nous échapper avec une rapidité plus grande que celle du fleuve que nous brûlions de franchir. Nous descendîmes dans une auberge, la seule du lieu, où non-seulement on ne voulut pas nous recevoir, mais où nous ne pûmes obtenir une once de pain pour notre argent. En un instant nous fûmes investis par la populace, qui nous examina avec autant de surprise et d'étonnement que si nous fussions sortis de l'autre monde.

Prières, promesses, rien ne put déterminer les hôtes de l'auberge à nous recevoir. J'eus alors recours au seigneur du lieu, le baron de G...., pour qui j'avais une lettre de recommandation. Il était absent : mais une de ses filles, dont la sensibilité et la bonté ne s'effaceront jamais de ma mémoire, me promit de m'envoyer avertir dès qu'il serait revenu.

Je retournai auprès de la voiture exhorter les dames et le postillon à la patience et au courage. Enfin le baron arriva; il vint lui-même s'assurer qui nous étions. Je lui fit part de ce qui nous était arrivé, et lui montrai toutes les inquiétudes que j'avais pour ma grand'mère, malade, pour ma femme, et pour son enfant. Les beaux yeux de notre aimable voyageuse firent un effet merveilleux sur le baron; sur-le-champ il pria ces dames, ainsi que nous, de venir passer la nuit dans son château: il leur offrit gracieusement le bras. Il était boiteux, et, donnant à ma grand'mère le bras qui était du côté de la mauvaise jambe, il la culbuta par la secousse qu'il lui occasiona en laissant retomber cette jambe à terre. Ce petit accident fut bientôt réparé, et nous arrivâmes au château, où le baron se confondit en excuses sur la mésaventure qu'avait causée sa clopinerie.

Il n'était plus question de passer le Rhin; nous n'osions même en parler au baron, avec lequel sa fille m'avait prévenu d'être circonspect, crainte de le compromettre. Cependant l'espérance nous revint un peu. Nous nous flattions que le lendemain nous trouverions jour à effectuer notre passage: en attendant, la soirée se passa à merveille; le baron fut très-galant; il nous fit jouer au réversi, et nous donna un souper excellent.

Pendant le repas il s'égaya, dit des choses gracieuses à ma femme; l'assura qu'il n'avait jamais vu de sa vie une aussi belle personne; il me combla de félicitations sur le bonheur de notre union, et sur celui d'être père d'une aussi jolie petite fille qui me ressemblait, assurait-il, à s'y méprendre. Je m'enfoncai le visage dans ma serviette, pour cacher mon envie de rire; mon soi-disant beau-frère en faisait de même; ma belle petite femme soutenait son rôle, sans se déconcerter.

Au dessert, toutes nos santés réunies à celles de tous les potentats de l'univers, furent portées : celle de ma postérité ne fut pas oubliée. Le bon baron, qui buvait toujours rasade, finit par nous dire que son château devait nous porter bonheur, que c'était par inspiration divine qu'il nous avait attiré chez lui, pour donner un petit frère à ma fille.

Je n'y tenais plus : je sortis, sous prétexte d'un besoin, et j'allai rire tout à mon aise au grand air. Je revins ensuite, non sans quelque inquiétude de savoir comment se terminerait cette comédie. Il commençait à se faire tard; ma grand'mère ronflait de temps en temps; les beaux yeux de ma femme se rapetissaient, et le baron commençait à battre la campagne : il fallut se disposer à s'aller coucher.

Le baron prit des flambeaux pour nous conduire dans nos appartemens. Je prévoyais ce qui allait nous arriver : la chambre d'honneur nous était réservée. Il commença par loger la grand'maman, puis il nous conduisit dans la belle chambre, en nous disant : Monsieur et madame, faites honneur au sacrement. Je me défendis de rester avec ma femme, prétextant qu'elle était incommodée. Vous la guérirez, répondit-il. J'ajoutai qu'en route nous n'habitions jamais ensemble, que c'était un vœu que nous avions fait. Vous le romprez, me dit-il; vœu ridicule! je ne souffrirai pas qu'il s'exécute chez moi. Je ne trouvais plus de raisons; je le conjurais de nous laisser suivre nos usages, et de permettre que ma femme couchât avec sa grand'mère qui était très-peureuse. Vous me la donnez belle, continua-t-il: avoir peur dans mon château; je ferais plutôt sentinelle à la porte! En achevant ces mots, il me poussa dans la chambre, et ferma la porte sur nous.

Comment se tirer de là?.... Je laissai le baron s'en aller: le résultat fut que chacun se rangea comme il devait l'être, et qu'au lieu de coucher avec une jolie femme, j'allai tout bonnement passer la nuit côte à côte avec mon beau-frère.

Beau chapitre à faire sur le combat des sens avec la raison: sans vouloir le traiter, j'espère que l'on conviendra qu'étant doué d'un cœur de feu, il y a quelque mérite à faire triompher la raison dans une circonstance semblable. Si jamais ces lignes sont lues de quelques êtres malins, ils ne manqueront pas de faire leurs commentaires ; mais je leur défie de trouver jamais de jouissance comparable à celle de savoir honorer et respecter la vertu. J'ai eu le bonheur de partager cette satisfaction avec cette aimable femme, qui daigna m'accorder une amitié dont je me crois digne.

J'ai oublié de rapporter qu'avant d'avoir vu M. le baron, et d'être venu dans son château, nous avions été accueillis par un jeune lieutenant d'un corps de Michalowitz, composé de bandits de la Croatie et des pays limitrophes, que l'empereur employait dans les guerres, pour marcher aux avant-postes en enfans perdus. On sait que ces corps se permettent tout, hors ce qui est bien. Cet officier qui était commandant dans ce canton, car nous trouvions des commandans partout, exigea que je lui montrasse mon passe-port : ce que je fis volontiers. Comme il ne connaissait pas les signatures des généraux, il décida, dans sa sagesse, que ce passe-port serait encore une fois envoyé à Fribourg, par une ordonnance adressée au général Julaye, pour qu'il eût à prononcer sur sa validité, et sur ce que lui, commandant de village, devait faire de nous : en attendant, il nous constitua ses prisonniers ; puis, par une condescendance rare pour un Michalowitz, il trouva bon que M. le baron fût notre geôlier.

Cet officier, tout jeune qu'il était, avait une tenue et une figure si effroyables, qu'il m'inspira la plus grande défiance; je me déterminai à faire suivre son ordonnance par notre bon paysan français, qui ne nous avait pas quitté : il fut accepté. Ils partirent sur-le-champ, et, d'après l'estime du lieutenant, ils devaient être de retour le lendemain à midi. J'avais chargé le paysan d'une lettre pour mon ami; ainsi tout allait fort bien : le baron était content, et nous de même, excepté le Michalowitz, que je n'avais pas traité avec ma modération ordinaire.

Le lendemain on déjeuna gaîment; le

baron s'évertua : il retrouva de la vieille musique, ainsi qu'une mandoline, et il nous donna un petit concert chevrotant, que nous applaudîmes, comme de raison : on but le petit verre de vin de Rota; on fit ensuite quelques tours de jardin et de promenade, en attendant le dîner et l'ordonnance, dont le retour nous intéressait plus que le reste.

Jamais baromètre n'a mieux marqué les variations du temps, que la figure du vieux baron ne nous indiqua le changement qui se faisait en lui à notre égard ; le refroidissement gradué qu'il nous témoigna, la gêne et le silence inquiet qui succédèrent à toutes ses cajoleries et à son bavardage du matin semblaient nous annoncer quelque chose de sinistre. J'en devinai bientôt la raison. L'officier Michalowitz avait eu un entretien avec lui ; son ordonnance ni notre paysan n'arrivaient, de sorte qu'à mesure que le temps s'écoulait, les formes honnêtes et obligeantes disparaissaient, les malhonnêtetés finirent par succéder aux beaux complimens et aux politesses : il se crut notre dupe, et nous prit pour des aventuriers.

Je fis semblant de ne pas m'apercevoir de ce changement, et j'engageai nos dames à en faire de même. Lorsque nous fûmes sortis de table, j'allai, comme Nina, me promener sur la route, pour voir si l'ordonnance n'arrivait pas.

Chemin faisant, je m'arrêtai dans une des plus belles situations de la nature ; de mon côté j'avais à admirer les plus beaux coteaux et la plus belle culture ; de l'autre, je voyais le Rhin, enrichi de ses îles, se déployer dans toute sa majesté ; je me plaisais à le contempler, quoique agité d'inquiétude et d'espérance, lorsque je fus tiré de mon examen par la rencontre du Michalowitz, qui se fit un malin plaisir de m'inspirer des craintes.

Mais, fort de mon bon droit et du mépris que je sentais pour lui, je lui dis, en lui faisant admirer le fleuve et le beau pays de la France : Je le passerai, monsieur ; je rentrerai dans ma patrie. Si, comme je l'espère, celui qui préside à son cours et à nos destinées le veut, ni vous, ni aucune puissance de la terre ne pourront m'en empêcher, et je le quittai. Je redescendis ensuite au bord du Rhin, et le suivis jusque dans le village, où je trouvai la multitude en armes et rassemblée sur la place. Le fanatisme guerrier s'était emparé des esprits. Les paysans s'étaient levés en masse, et ne se disposaient à rien moins qu'à exterminer jusqu'au dernier des Français qui oseraient passer le Rhin. Leur commandant était un ex-procureur de l'endroit, homme méchant et bavard, qui tenait les plus vilains propos, tantôt en français, qu'il parlait très-bien, tantôt en allemand. Je l'évitai pour ne pas me compromettre, et je fis bien; car j'appris bientôt que c'était lui qui était cause de notre arrestation, et qui avait fait enlever les bateaux qui étaient destinés pour notre passage: il avait fait également écumer tous ceux qui étaient sur le fleuve, pour en rendre la traversée impossible.

J'ai su par la suite que cette levée en masse tout le long de cette rive du Rhin, avait été dissipée en un instant, comme de la poussière, et que la plus grande partie avait péri dans la fuite.

Le jour commençait à baisser, et rien n'arrivait. Le baron ne se montrait plus; il avait même ordonné à ses femmes de cesser de nous voir : nous étions tout-à-fait livrés à nous-mêmes. Je rassemblai mon petit conseil, et rassurai mon monde qui commençait à perdre l'espérance. Nous n'étions qu'à une lieue à peu près de Kentzingen, où était la poste. Je pris le parti d'y aller avec mon beau-frère, pour demander que l'on vînt nous chercher le lendemain à quatre heures du matin. Je ne doutais pas qu'avant ce moment nous n'eussions reçu des nouvelles de Fribourg. Nous prescrivîmes à nos dames d'user de la plus grande circonspection avec le baron pendant notre absence, et de garder le secret sur notre démarche.

Nous l'exécutâmes avec tant de célérité

que nous fûmes de retour avant l'heure du souper. Nos dames étaient demeurées seules pendant notre absence, et *sœur Anne* n'avait encore rien vu venir. Dans notre position, qui était vraiment la plus désagréable du monde, je fus le seul qui ne prît point d'inquiétude. Je retrouvai le baron de qui j'arrachai avec peine un ou deux monosyllabes. Il vint dans la salle où on avait mis le couvert, et où se tenaient nos dames. Il se mit à table le premier, sans nous rien dire ; nous fîmes contre fortune bon cœur, et prîmes nos places.

Jamais repas ne fut plus mesquin que ce souper. Les maîtres de la maison se servaient les premiers, et nous passaient les plats sans nous parler. J'avoue que cela me parut si comique que je ne pus m'empêcher d'éclater de rire. Les sourcils du baron, son nez et son menton, semblèrent se toucher tout à la fois, par le mouvement convulsif que cet éclat excita sur sa figure. Ses yeux pétillaient de fureur. Je ne sais en vérité, ce qui en serait résulté, si la scène n'eût tout à coup changé par l'arrivée de l'ordonnance et du vilain Michalowitz.

On me remit d'abord une lettre de mon ami, conçue en ces termes : « Je suis « chargé, mon cher ami, de la part de « M. le général comte de Julaye, de vous « témoigner tous ses regrets de ce qu'il était « absent lorsque votre exprès et l'ordon-« nance de votre flibustier sont arrivés; « mais vous n'en serez que pour le retard « que cet homme mal appris vous a occa-« sioné. Les ordres que le général lui donne « sont assez précis pour qu'il ne se mêle « plus en rien de ce qui vous concerne; « c'est moi-même qui suis chargé de vous « renvoyer votre passe-port, et la leçon « que le général donne au Michalowitz est « assez verte pour que celui-ci s'en sou-« vienne. Adieu, mon ami : bon voyage. »

Je lus cette lettre tout haut. Elle produisit un effet que tous les peintres du monde ne sauraient rendre. Il fallait voir comment les figures se déridaient pour arriver de la mine la plus refrognée à l'épanouissement général qui se manifesta plus sensiblement sur celle du baron. *Voila ce à quoi je m'étais toujours attendu, mes bons amis!* s'écria-t-il. Le Michalowitz au contraire en devint plus hideux; et, après nous avoir dit du ton le plus maussade vous êtes libres, il nous fit la grâce de disparaître.

Le baron, pour nous dédommager de la mauvaise chère qu'il venait de nous faire faire, envoya chercher le meilleur vin de sa cave, ses vieilles confitures, enfin tout ce qu'il put de meilleur, et répara de son mieux sa maussaderie que nous lui pardonnâmes de grand cœur. Sa position au milieu d'une armée, et en face d'un ennemi qu'il pouvait d'un moment à l'autre avoir sur les bras, rendait ses inquiétudes bien excusables. La conduite que nous avions à tenir, et que nous tînmes en effet, fut d'avoir l'air de ne nous en être pas aperçus.

L'heure du repos arrivée, on nous laissa nous retirer librement dans nos appartemens. Mais le baron, en nous disant bonsoir, nous demanda de lui donner encore la journée du lendemain ; je lui répondis que nos chevaux étaient commandés et devaient nous venir prendre de très-bonne heure. Il en parut aussi surpris que peiné ; mais, remettant au lendemain à décider la question, nous allâmes reprendre nos gîtes comme la veille.

Le lendemain 27, à cinq heures du matin, la voiture de poste arriva. Nous étions tout prêts pour le départ, mais nous ne voulions pas manquer aux égards ni à la reconnaissance que nous devions au baron. Il nous prévint, et nous dit que, puisque nous voulions absolument le quitter, il fallait prendre un dernier repas en famille. Il nous fit servir un déjeuner copieux, et nous donna de véritables témoignages d'une sincère amitié. Il avoua ingénument qu'il avait dû nous paraître un homme détestable, mais qu'il n'avait pu être maître de ses inquiétudes, d'après tout ce que le Michalowitz lui avait dit de nous.

Le déjeuner fini, et le postillon nous pressant de partir, il fallut nous séparer. Je ne voulais cependant pas quitter cette maison sans y laisser quelque gage de reconnaissance. J'avais dans mon portefeuille, comme amateur de peinture, un dessin charmant fait à la gouache, représentant un beau vase de *lapis lazuli*, orné des plus belles fleurs de la nature. Je priai le baron de l'accepter.

Ce petit présent parut lui faire grand plaisir. Il m'embrassa, appela sa femme et sa fille, pour le leur faire admirer, puis alla prendre dans son encrier quatre larges pains à cacheter, qu'il imbiba de sa salive; et les appliquant derrière le dessin, il le colla à grands coups de poing contre la muraille. Qu'on juge de l'état où se trouva mon pauvre gouache.

Cette opération faite, il s'éloigna, et, portant à son œil le poing ployé en forme de lunette, il s'écria de toute sa force, et à plusieurs reprises : *Ah! que c'est beau!* Mon ami, ajouta-t-il, cela restera là à perpétuité, en mémoire de vous et de votre charmante petite femme que je vous demande la permission d'embrasser. Il revint encore donner de nouveaux coups de poing sur le malheureux dessin, comme s'il eût voulu le faire entrer dans la muraille.

Enfin, avant de nous séparer, il me dit qu'il avait à Lyon une fille à qui il serait bien aise de faire passer une lettre, et me demanda si j'oserais m'en charger. De tout mon cœur, M. le baron, lui répondis-je. Il alla écrire sa missive, qu'il m'apporta bien cachetée. Je la fis coudre à ma chemise, de peur de la perdre si on me fouillait en rentrant en France. Je lui dis que je n'hésiterais pas de m'exposer à un danger pour lui donner un témoignage de plus de ma reconnaissance. Ainsi se fit notre séparation. Nous nous dirigeâmes sur Ettenheim, d'où nous espérions sortir enfin de nos entraves.

La route que nous tînmes m'était connue : je la trouvai cependant différente de la première fois. La nature y était vivante, et dégagée du manteau d'hiver que j'y avais vu répandu ; mais, dans ce moment, le pays nous occupa fort peu : les disgrâces que nous avions éprouvées faisaient le sujet de nos réflexions, et nos peines n'étaient pas à leur fin. Tant de tracasseries différentes avaient tellement fatigué notre grand'maman, qu'elle en devint tout-à-fait malade. Il était temps d'arriver à Ettenheim, pour la mettre au lit. Je ne crois pas qu'elle eût été en état de passer outre. Nous fûmes assez heureux pour tomber dans une auberge dont les hôtes étaient honnêtes et obligeans. Nous y formâmes donc un établissement de repos. On procura à notre maman le meilleur médecin du pays. Il la trouva sérieusement malade, et nous promit de n'épargner aucun soin pour la rétablir; mais il ne nous dissimula pas que son grand âge et son affaiblissement lui donnaient des craintes pour ses jours.

Cette circonstance nous attristait tout-à-fait. Il était cruel de penser que nous nous fussions tant rapprochés de notre pays, pour voir cette digne femme perdre la vie avant d'avoir eu la consolation d'y rentrer. Je fis de mon mieux pour rassurer sa petite-fille qui commençait à s'abandonner à la douleur. Le courage et l'espérance ne m'avaient jamais manqué. Je m'en armai de nouveau ; je me fis garde-malade, et partageai cette fonction avec mon beau-frère et ma femme, de manière que le jour et la nuit notre vieille maman fut toujours prévenue dans tous ses besoins.

Ettenheim n'était plus ce que je l'avais vu lorsque le prince de Condé y était, et que le cardinal de Rohan y tenait une espèce de petite cour. La guerre y avait laissé une empreinte de destruction douloureuse à voir ; le château était réduit à ses simples murailles, encore étaient-elles endommagées. Le cardinal en était loin. Quelques ecclésiastiques seulement résidaient dans des maisons bourgeoises : voilà tout ce que j'y trouvai.

Du nombre de ces prêtres était un chanoine de Schelestadt, que je connaissais particulièrement. J'allai me rappeler à son souvenir. Je dois dire ici que c'était un de ces hommes bons de leur nature, sensibles, obligeans et tels qu'on en rencontre bien rarement dans le monde. Les services qu'il nous rendit de si bon cœur sont gravés pour toujours dans le mien. Il connaissait très-intimement un capitaine de hulans, qui était cantonné au village de Husen, sur un bras du Rhin, à environ une lieue et demie d'Ettenheim : il me promit de s'employer auprès de lui pour qu'il nous laissât embarquer dans cet endroit, le plus commode que nous pussions trouver pour rentrer en France.

Je revins donner cette bonne nouvelle à nos dames ; mais la malade était accablée au point de ne pouvoir m'entendre. Elle eut une nuit détestable. Le délire la prit, et dura toute la journée du lendemain, hors deux ou trois intervalles dans l'un desquels elle demanda un confesseur. Nous le lui procurâmes.

Il fallut faire entendre raison à la petite dame sur la situation critique de sa grand'-mère. Jusque-là mon ami et moi nous nous étions dévoués volontiers à partager leur sort ; mais nous ne pouvions cependant pas nous mettre dans l'impossibilité de rentrer dans nos foyers, en restant trop long-temps à Ettenheim.

Les prières, les pleurs, tout ce que peuvent employer les yeux les plus beaux et les plus expressifs pour attacher, fut mis en usage, afin de nous engager à ne pas nous séparer, et à courir la même fortune. Si la maman périssait, nous ne devions pas rester un jour dans ce lieu; mais si la maladie traînait en longueur, que faire? Il fut décidé qu'on laisserait auprès d'elle notre fidèle paysan, et que nous passerions le Rhin; mais qu'aussitôt que la jeune dame serait chez elle, elle enverrait en poste quelqu'un qui fût en état de la remplacer auprès de la grand'-mère. Cela arrêté, je me livrai tout entier aux démarches qui devaient accélérer notre départ.

J'allai avec mon chanoine à Husen voir le capitaine; il nous reçut bien, et nous témoigna la meilleure volonté; mais il ne put prendre sur lui de nous laisser franchir le fleuve: il en avait reçu la défense formelle du comte d'Aspre, colonel des Manteaux-Rouges ou Pandours, qui commandait tous les avant-postes sur la rive du Rhin. Ce colonel était à Capel, distant de trois lieues d'Ettenheim ; il nous engagea à l'aller trouver, nous assurant qu'il nous donnerait la permission que nous désirions, parce que de son naturel il était très-obligeant.

Je revins tristement auprès de mes amis, et me décidai à aller, le lendemain, à Capel. La malade était toujours aussi accablée : on l'avait administrée, je la veillai la nuit ; je puis dire qu'il y a quelque mérite à être infirmier : jamais je n'ai éprouvé tant de peines, de toute manière, que cette nuit. Il fallut changer la malade cinq ou six fois, la tenir proprement, la soutenir, la porter même d'un lit à l'autre. Je ne regrette aucun de ces soins, je les rendrai toujours de bon cœur, si je me trouve dans des circonstances pareilles.

Le lendemain je partis de bonne heure, avec mon ami ou beau-frère soi-disant, pour Capel. Quoique nous ne fussions qu'à la fin du mois de mars, les chaleurs commençaient à se faire sentir ; la végétation s'annonçait ; les prairies étaient d'une verdure naissante qui réjouissait nos yeux. Nos cœurs étaient pourtant tristes : nous ne ressemblions pas mal à deux pauvres chevaliers errans courant les aventures par monts et par vaux, sans avoir encore pu en rencontrer une bonne.

Nous cheminions tantôt à travers des sentiers étroits, tantôt dans des chemins ouverts, traversant de superbes villages, rencontrant partout des soldats et des cavaliers qui couraient le pays en tout sens. Nous finîmes par entrer dans un bois assez touffu où se trouvait un assez bon nombre de Pandours, dont la mine n'était rien moins que rassurante. J'osai cependant demander à un d'eux si nous étions encore loin de Capel. *Va-t-en au diable !* me répondit-il en mauvais et dur allemand, et il se rapprocha de ses camarades, en marmottant sur le même ton je ne sais quelle antienne; mais cela n'annonçait rien de bon.

Nous étions sans armes, voyageant comme des Hébreux, le bâton blanc à la main. Je crus que nous devions filer notre chemin du même pas, en nous tenant de notre mieux sur nos gardes. Cela ne nous servit à rien; le groupe de ces bandits s'approcha de nous. On nous prit, mon ami et moi, par le bras, l'un d'un côté, l'autre de l'autre; et messieurs les Manteaux-Rouges tenaient conseil sur notre compte, en parlant tous à la fois un jargon diabolique.

Je conservai mon calme et mon sang-froid dans ce moment que je puis dire vraiment critique; et, parlant l'allemand que je savais, je demandai si mon ami (*mein gût freund*) le colonel, comte d'Aspre, était à Capel. Mes gredins s'arrêtèrent, se parlèrent entre eux à voix basse, en répétant (*sein gût freund*) son bon ami, nous examinèrent jusqu'au fond de l'âme, et nous laissèrent passer en disant *ia*.

Cette petite aventure qui pouvait avoir des suites funestes, car ces Pandours sont de vrais brigands qui ne sont capables que de faire le mal, nous décida à ne plus suivre que le grand chemin. A notre retour, nous étions heureusement sur la lisière du bois, d'où nous découvrîmes Capel, à quelques centaines de pas de nous, et plusieurs officiers de ce corps qui se promenaient sur la route.

Nous les abordâmes. J'appris par eux que M. Daspre était allé faire une reconnaissance sur les bords du Rhin; mais qu'on l'attendait pour dîner. Nous liâmes conversation avec ces officiers. Je les prenais pour des Français, tant leur tournure était distinguée, et leur tenue recherchée. Ils nous dirent qu'ils étaient tous Brabançons ainsi que leur colonel; qu'ils avaient préféré servir dans un corps franc pendant la guerre, parce qu'ils avaient plus d'espoir d'avancement.

Quel contraste entre le ton de ces officiers, leurs manières polies, et même l'amabilité de quelques-uns, avec leurs effroyables soldats! Je me demandais, à part moi, comment ils pouvaient s'en faire obéir. Le malheur arrivé à un capitaine de Mirabeau, fusillé par ces forcenés, me revenait à la mémoire, et je ne pouvais concevoir que ces officiers eussent un don plus particulier pour se faire craindre et respecter.

La politique fut notre entretien pendant l'absence du colonel. Les jeunes officiers ne comptaient faire qu'une guerre défensive, dont ils se promettaient le plus grand succès ; mais aucun d'eux ne pensait à pénétrer en France : ils regardaient cela comme impossible à toutes les puissances de la terre; ils disaient que les Français étaient inexpugnables chez eux, et qu'ils étaient tout prêts à quitter le service, si leur général était tenté de porter ses armes de l'autre côté du Rhin. Je me gardai bien de faire la plus petite objection à cet égard; je cherchai même à éviter d'y répondre, tant pour ne pas leur devenir suspect que pour ne pas leur faire connaître ma pensée : mais je me promis bien de ne pas perdre le souvenir de ce qu'ils m'avaient dit, et je conclus de l'esprit qui régnait dans cette armée, que la destruction en était assurée.

M. d'Aspre arriva; il nous accueillit parfaitement, écouta nos raisons avec beaucoup d'intérêt, et fut touché de nos peines; mais il ne put rien faire pour nous que de nous offrir obligeamment à dîner : ce que nous n'acceptâmes pas. Il se résuma par nous dire d'aller trouver M. le lieutenant-général, comte de Mœrfeld, qui commandait en chef toute la ligne. Il nous assura qu'il nous accorderait ce que nous demandions; il poussa même l'obligeance jusqu'à envoyer à ce général une ordonnance avec une lettre, pour le prier de mettre fin à nos tourmens.

Nous prîmes congé de M. d'Aspre, en lui donnant tous les témoignages de notre sensibilité, et nous nous acheminâmes vers le château de Molberg, où devait se trouver M. de Mœrfeld. Ce château était heureusement sur notre chemin, à une petite lieue d'Ettenheim.

Il semblait que la fatigue ne nous coûtait rien, nous eûmes le temps d'arriver encore d'assez bonne heure à Molberg. Nous nous présentâmes au château; une dame de bonne mine, entre deux âges, et fort honnête, nous reçut et nous apprit que le général était à la chasse. Elle nous le fit même voir de la fenêtre de son salon, dont la vue magnifique s'étendait sur tout le pays; elle nous dit en même temps qu'il reviendrait souper au château, et qu'il y passerait la nuit : elle nous engagea, de la meilleure grâce du monde, à l'attendre.

Comme nous n'avions que trois quarts d'heure de marche jusqu'à Ettenheim, je répondis que nous allions y retourner pour savoir dans quel état se trouvait notre malade, mais que nous reviendrions si elle avait la bonté de le permettre, à peu près à l'heure où le général devait rentrer; elle y consentit en nous demandant ce que nous avions à lui dire.

Je me reproche ici une injuste défiance. Il me semblait qu'un mauvais génie était attaché à nos pas pour nous nuire; je craignis qu'en faisant part à cette dame obligeante du motif de notre démarche, elle ne nous desservît auprès du général : je lui répondis donc que c'était une affaire personnelle avec ce commandant, et que je ne voulais pas lui donner l'ennui d'en entendre le récit. Nous reprîmes alors le chemin d'Ettenheim, et cette digne dame ne fut point du tout offensée de ma réserve.

Nous trouvâmes notre grand'maman un peu mieux, mais toujours très-faible : cependant elle fut en état d'entendre le récit de tout ce que nous avions fait ; elle s'affligea de notre peu de succès, et se recommanda à la Providence pour le reste. La petite dame était plus tourmentée; elle tenait toujours à ce que nous n'épargnassions aucun moyen pour arriver à notre but, et elle était plus que jamais décidée à nous suivre et à laisser sa grand'mère à Ettenheim.

Elle avait pour cela une forte raison : sa bourse était épuisée, les seules ressources que ces dames avaient à espérer se trouvaient entre les mains de leurs parens qui n'avaient garde de les leur refuser ; mais il fallait les aller chercher, il n'y avait plus que ce seul moyen de les obtenir. Je ne donnai point de conseil sur cet article qui m'était étranger ; mais il m'était impossible de ne pas m'intéresser de cœur et d'âme à cette aimable femme, remplie de bonnes qualités, et dont les sentimens ne pouvaient exciter trop d'hommages et de respects.

J'osai me permettre de faire avec elle une petite condition, sans laquelle nous ne pouvions passer le Rhin ensemble : c'était que nous prendrions deux bateaux, que mon ami et moi en occuperions un, et que nous partirions une demi-heure d'avance; qu'elle occuperait l'autre, et ne mettrait à la rame qu'après ce terme. Cet arrangement était fondé sur ce que le Rhin étant hérissé de postes français, si par malheur l'enfant de la jeune dame venait à crier pendant le passage, on viendrait à la reconnaissance, et que ne trouvant qu'une femme et son enfant, on les respecterait ; mais que si nous étions tous ensemble, nous nous perdrions tous.

Après bien des raisons de part et d'autre, et beaucoup de pleurs de la jeune mère, auxquels je ne pouvais assurément être insensible, cette condition fut agréée.

Nous nous donnâmes notre parole de ne pas l'enfreindre, quoi qu'il pût arriver, et je repris le chemin de Molberg de concert avec mon ami.

En arrivant au château, nous retrouvâmes la même dame qui nous attendait avec son mari et une grande et superbe demoiselle qui était leur fille. La dame me dit que le général était revenu, qu'il était occupé à défaire ses habits de chasse, que nous lui étions annoncés, et qu'il allait incessamment nous recevoir. En effet il entra presque aussitôt dans le salon, et nous fit passer dans un cabinet pour nous entendre.

Je me sentis plein de confiance en voyant ce général; sa tournure, son ton, ses manières étaient tout-à-fait françaises; il portait l'uniforme des Hulans dont il était colonel-propriétaire : cet uniforme et les décorations qui le couvraient lui allaient à merveille. Je crus parler à un général de mon temps; je lui fis part de mon affaire avec autant d'aisance que si j'eusse été en intime connaissance avec lui. Il m'écouta avec intérêt, mais me dit tout net que ce que je lui demandais n'était pas en son pouvoir.

J'insistai de nouveau en lui disant que M. le comte de Julaye me l'avait accordé. M. de Julaye est sous mes ordres, me répondit-il; il vous a promis plus qu'il ne ne pouvait : quant à moi, je vous promets ce que je vais vous tenir. J'envoie sur-le-champ une ordonnance à cheval à Donaschingen à M. le comte de Kray; je vous donne ma parole d'honneur que, d'après ce que je lui dirai, il vous accordera de partir; mais il faut patienter jusqu'au retour de mon ordonnance.

Je lui représentai de nouveau la situation de la grand'mère de ma femme, car je ne pouvais quitter mon rôle. J'ajoutai que si elle avait le malheur de mourir de ce côté du Rhin, sa petite-fille perdrait une succession immense, et que si nous avions le bonheur de la conduire vivante en France, notre fortune serait sauvée.

Ces raisons, que j'avais eu l'audace d'imaginer, ne l'ébranlèrent pas davantage;

il m'engagea avec une grâce et une politesse infinies à la patience, et me renouvela la promesse positive que le général en chef ne le refuserait pas. Je me résignai, et me retirai le cœur navré; mais cependant, pénétré de la bonté avec laquelle il m'avait traité, j'étais persuadé qu'il ne pouvait faire autrement. Je présentai mes respects à la dame du château, et sortis tristement.

Son mari était sur la porte, et me dit d'un ton plein de sensibilité : Il paraît, monsieur, que vous avez du chagrin : contez-moi cela, je vous prie. Est-ce que M. le comte de Mœrfeld vous aurait refusé quelque chose? Pénétré de cet air bon et amical, je lui contai toute notre affaire. N'est-ce que cela? reprit-il; je vais trouver le général, il faudra bien qu'il se rende aux raisons que je vais lui donner. Attendez un moment.

Il revint un peu après, accompagné de sa femme et de sa fille; il me répéta les mêmes choses que le général. Sa femme se fit rendre compte de ce qui venait de se passer, car elle n'en savait pas un mot : je le lui racontai, et elle en fut, ainsi que sa charmante fille, attendrie jusqu'aux larmes. Ne vous découragez pas, me dit cette excellente femme de la manière la plus touchante, retournez vers vos dames. Je connais M. de Mœrfeld : il est sensible, loyal et bon ; mais il faut le laisser réfléchir. Si l'on insistait à présent sur votre demande, on gâterait tout ; mais je me charge de lui parler ce soir : je crois pouvoir me flatter de le convertir et d'obtenir qu'il vous laisse partir demain : il nous quittera de bonne heure, et dès que j'aurai sa réponse je vous la ferai parvenir par un de mes gens. Adieu, messieurs, reposez-vous sur moi, et dormez tranquilles. Son aimable fille nous souhaita également le bon soir, et dit à sa mère : Oh ! je vous en prie, chère maman, ne laissez pas partir M. de Mœrfeld sans avoir obtenu la demande de ces messieurs.

Je revins cette fois l'âme un peu soulagée ; je fis part à nos dames de cette bonne nouvelle, sans cependant les flatter du succès : notre pis-aller était d'attendre trois jours de plus. A moins d'une invasion subite des Français, rien ne pouvait nous troubler à Ettenheim.

Je pris du repos, j'en avais besoin; nos dames sentaient tout le prix de mes démarches, et je leur dois la justice de dire qu'elles m'en donnèrent les plus aimables témoignages, et qu'elles ne se sont pas démenties à mon égard.

Nous n'eûmes pas de peine à nous réveiller le lendemain, je fus de bonne heure sur pied. Je commençai ma journée par mes fonctions d'infirmier. La malade était toujours d'une extrême faiblesse; le médecin ne voyait pas encore un mieux décidé dans son état, il croyait qu'elle ne serait encore transportable de long-temps: on n'osait pourtant pas le lui dire. Ainsi nous étions dans la double inquiétude de savoir si notre départ serait accordé, et, dans ce cas, comment la mère et la fille se comporteraient s'il fallait qu'elles se séparassent.

Tout en réfléchissant et donnant les juleps et les bouillons, la matinée s'écoulait; il était déjà dix heures, et nous n'avions point de nouvelles du château de Molberg. Etions-nous oubliés? Cela ne se pouvait, les maîtres du lieu nous avaient paru trop sincères pour douter d'eux; mais le général pouvait avoir été inflexible : on n'osait nous le mander. Quand cela eût été, nous n'en devions pas moins des remercîmens aux hôtes bienveillans qui s'étaient si vivement intéressés à notre sort.

Nous prîmes donc le parti d'aller les leur renouveler, et d'apprendre définitivement par eux-mêmes sur quoi nous devions compter. Nous marchions assez tristement en faisant mille conjectures sur ce que le général avait pu dire, et sur ce que l'état de la malade nous faisait craindre, lorsqu'après un quart d'heure de marche nous aperçûmes un homme à livrée qui venait de notre côté, un papier à la main, qu'il agitait en l'air. J'y faisais peu d'attention; mais mon ami, le considérant mieux, vit qu'il sautait, et l'entendit crier : *Brief*, *brief*, en agitant toujours son papier. Plus de doute alors que c'était un domestique du château, qui nous apportait la lettre promise. *Brief* signifie lettre. Ce domestique nous aborda tout joyeux, et nous remit une lettre tout ouverte en disant *fürt*, *fürt* et en montrant le Rhin ; ce qui voulait dire, vous partirez. Cette lettre nous annonçait que le général avait tout accordé ; de plus, elle contenait un ordre de sa main au capitaine d'Husen, pour qu'il nous fît fournir deux bateaux, sous la conduite d'hommes sûrs et prudens qui nous feraient passer le Rhin à minuit ; il recommandait en outre au capitaine de veiller de tout son pouvoir à notre sûreté. Le général avait eu la double bonté d'envoyer le même ordre à M. d'Aspre, pour qu'il le fît passer directement au capitaine, afin que tout fût prêt pour le moment du départ.

Nous voulûmes récompenser le domestique qui était en nage, tant il avait fait diligence ; mais il fut impossible de lui faire rien accepter. Il nous baisait les mains pour nous exprimer sa joie, en répétant *fürt*, *fürt*.

Nous revînmes sur nos pas pour annoncer cette bonne nouvelle à nos dames, et nous repartîmes pour Molberg. Nous y trouvâmes les hôtes aussi joyeux que nous. Ils nous le témoignèrent avec une affection dont on citerait peu d'exemples, et nous nous séparâmes satisfaits de part et d'autre de nos sentimens. Puissent les vœux que j'ai formés pour cette respectable famille s'accomplir dans toute leur plénitude! Puisse le bonheur le plus pur les accompagner partout!

Combien j'ai regretté, en pensant à la bonté de cette excellente dame, la réserve que j'avais eue lorsqu'elle me demanda ce que j'avais à dire au général! Je me suis reproché, et je me reproche encore d'avoir été mauvais physionomiste; car elle portait l'empreinte de son caractère sur son visage, dont tous les traits réguliers et beaux restent gravés dans ma mémoire.

Nous nous empressâmes de revenir à Ettenheim faire les dispositions de ce départ tant désiré. Toutes les difficultés n'étaient cependant pas encore aplanies. A quoi nos dames allaient-elles enfin se déterminer ? La séparation de la grand'-maman et de la petite-fille nous effrayait : mais nous avions déjà formé un premier plan auquel j'étais résolu de me tenir. De plus, ne voulant, dans cette circonstance, donner aucun conseil, nous décidâmes, mon ami et moi, de laisser les dames se débattre entre elles sur ce qui les concernait, de nous hâter, pour notre propre compte, d'abandonner à jamais un territoire qui n'était plus bon pour nous.

La difficulté que nous avions crainte fut bientôt levée. La bonne nouvelle du matin avait ressuscité la grand'maman. Nous la trouvâmes toute ragaillardie ; elle nous dit, quoique encore au lit : Nos paquets sont faits, et nous sommes toutes prêtes à partir.

Ce changement subit me fit plaisir ; mais il ne me tranquillisa pas. Cette femme se reposait sur son courage ; mais aurait-elle la force de soutenir son entreprise ? Nous tînmes conseil, et tout bien pesé il n'y avait pas à balancer ; je me dévouai à ce nouveau péril. Il fut résolu que nous l'emmenerions. Cependant j'envoyai chercher le médecin, et lui demandai, avant qu'il eût revu la malade, s'il ne pourrait pas, sans faire de mal à l'enfant, lui donner quelque potion pour l'endormir. Le docteur me le promit, et, après avoir visité la malade, il jugea qu'elle était en état de suivre notre destinée. La joie lui avait fait une véritable révolution, dont l'heureux effet était au-dessus de ce que la médecine aurait pu imaginer. Ainsi, rien ne nous inquiétant plus, nous mîmes les dames et l'enfant sur une petite charrette couverte ; mon ami et moi suivîmes à pied, le bâton blanc à la main, et nous allâmes à Husen attendre l'heure de notre embarquement. Le bon chanoine de Schelestadt, qui, pendant notre séjour à Ettenheim, avait été notre consolateur et notre appui, nous accompagna : il nous avait donné des lettres pour ses amis, et des renseignemens sur tous les lieux par où nous devions passer, jusqu'à notre destination.

Notre fidèle paysan resta à Ettenheim, où il avait encore quelques affaires à traiter avec quelques familles des environs.

Le capitaine avait déjà reçu l'ordre du général pour notre passage, et tout était prêt. Il est facile de se faire une idée de tout ce qui se passa en nous jusqu'au moment de notre embarquement. Après neuf ans d'absence, rentrer dans une patrie qui avait été désolée de tant de manières, et dans laquelle nous devions encore rester cachés et exposés pendant long-temps à de nouvelles vicissitudes.....

A mesure que les minutes s'écoulaient, nous sentions le battement de nos artères s'élever, nos cœurs se gonflaient ; des soupirs involontaires sortaient avec effort de notre poitrine. Je n'étais pas le moins oppressé de la bande : ma jeune femme, devenue silencieuse et rêveuse, s'approchait alternativement de moi, me pressait les mains, me fuyait, revenait, et ses yeux attendris me tuaient en cherchant à lire dans les miens.

Je n'y tenais plus : j'eusse été plus fort

au milieu d'une bataille. Enfin, je tirai de ma poche la potion que m'avait donnée le docteur, et lui dis : Il faut, intéressante maman, faire avaler une cuillerée de ce sirop à votre petite-fille. La dame pâlit; sa tête tomba sur ma poitrine. Que prétendez-vous faire, monsieur? me demanda-t-elle en tremblant. Je m'expliquai. Il n'y avait plus de temps à perdre. Ce sirop est benin, repris-je; il est préparé par le médecin qui est accoutumé d'en faire prendre à tous les enfans qui se trouvent dans sa position. Cela les endort doucement; et on prévient par-là le danger qu'il y aurait à les entendre crier, s'ils étaient éveillés.

Non, monsieur, répliqua-t-elle avec effroi, non je ne donnerai jamais une pareille drogue à mon enfant, dussé-je être exposée au plus grand péril. — En ce cas, madame, s'il y a du péril dans notre entreprise, je veux le partager avec vous. Ne faisons pas usage de ce moyen; je m'embarquerai seul dans l'un des deux bateaux, je porterai l'enfant sur mes genoux; et, s'il vient à crier, je serai mort avant qu'il puisse lui arriver le moindre malheur, non plus qu'à vous. Voilà ma résolution : autrement je ne pars pas.

Non, me répondit avec vivacité la jeune dame; non, monsieur, cela ne sera pas : moi seule je ferai ce que vous proposez de faire : à moi seule appartient de couvrir mon enfant de sa mère, et de lui servir, si je puis m'exprimer ainsi, de bouclier et de rempart.

En ce cas, madame, je ne vous quitte plus, je suis inflexible ; rien n'est capable de me faire abandonner vos pas ni votre fille. Cessons ce combat; le triomphe vous appartient : je rougis de la puérilité de mes craintes. La Providence vous doit sa protection, et je vous devrai d'en avoir profité. Ne parlons plus de rien, et partons avec confiance.

Je n'avais pas achevé ces mots, que la petite maman avait tiré de ma poche la fiole d'élixir; elle en prit une cuillerée, et la fit avaler à sa fille : ensuite elle se jeta à mon cou, m'embrassa, me couvrit de pleurs et me dit : Vous êtes et serez mon ami pour la vie.

J'essaierais en vain de décrire tout ce que j'éprouvai dans ce moment. Les larmes les plus douces et les plus délicieuses que j'aie versées de ma vie coulèrent abondamment sur les mains de cette femme angélique. Mon hyménée éphémère finit là, et une amitié toute nouvelle commença pour mon cœur.

Je m'asbtiendrai de parler de la réception du capitaine et de sa conduite envers nous : elle lui fit honneur; et je crois que nous fûmes assez contens les uns des autres pour ne jamais l'oublier.

Enfin minuit, ou, comme on dit en Allemagne, douze heures sonnèrent : le battement de nos cœurs nous avait annoncé celui de l'horloge : nous fûmes conduits à nos bateaux par le capitaine et le chanoine : notre arrangement se fit de soi-même. La grand'maman, qui marchait et se soutenait bien, avait pris le bras de mon ami, et s'était placée, avec tout notre bagage, dans un bateau. L'enfant fut porté dans l'autre, où la petite maman et moi nous nous trouvâmes assis, je ne sais comment. Nous avions tendrement embrassé le capitaine et le chanoine. Le mot touchant d'*adieu* fut prononcé, et nous voilà lancés au gré des flots.

Il faisait un trop beau clair de lune. Les ténèbres eussent mieux convenu à notre mystérieuse navigation : mais la Providence était notre pilote, et l'espérance nous servait de gouvernail. Pouvions-nous ne pas arriver heureusement au port ?

Une circonstance de notre embarquement, que je ne dois pas omettre, c'est que le capitaine avait choisi, pour nous conduire, des bateliers du village d'Husen, et s'était accordé avec eux pour un prix fort raisonnable. Ces bateliers, connaissant tous les postes français, devaient nous diriger de manière à nous les faire éviter. Nous les payâmes d'avance; mais, par un hasard assez singulier, nous ne fûmes point conduits par eux, mais par des bateliers français qui, charmés de trouver une occasion d'obliger des compatriotes qu'ils étaient bien aises de ramener eux-mêmes dans leur patrie, nous achetèrent des bateliers allemands pour la moitié du prix que nous leur avions payé.

Nous ne sûmes cette circonstance qu'après notre départ; car, les entendant parler bon français, nous leur demandâmes comment il se faisait qu'ils sussent si bien cette langue, tandis que, dans Husen, nous n'avions trouvé personne qui pût en prononcer un mot? Ils nous répondirent qu'ils étaient habitués, depuis qu'on ne disait plus la messe en France, à venir, toutes les nuits qui précèdent le dimanche, à Husen, pour y assister à l'office divin, et qu'ils s'en retournaient également la nuit suivante; que c'était par cette occasion qu'ils avaient appris que nous voulions passer le Rhin, et qu'ils avaient obtenu de se charger de nous rendre service.

Pour sortir d'Husen, nous eûmes à descendre une espèce de canal, ou bras du

Rhin, pendant près d'un quart-d'heure avant d'entrer dans le lit du fleuve. Qu'il nous parut imposant, ce fleuve, lorsque nous nous trouvâmes au milieu de ses ondes! la lune s'y réfléchissait, et nous en faisait voir plus que l'étendue; car nous n'apercevions qu'une mer extrêmement rapide, sans pouvoir découvrir la rive sur laquelle nous devions débarquer. Nos bateliers furent obligés de remonter la rive droite, pendant plus d'une demi-heure, pour tourner des îles, et éviter des courans dangereux.

Nous n'osions nous entretenir qu'à voix basse; et, le plus souvent, nos mariniers nous priaient de garder le silence; un malentendu, sur la rive où nous allions, pouvait nous perdre.

Nos bateaux marchaient de conserve. Qu'on se figure de longues nacelles extrêmement étroites, faites de planches si minces, qu'elles semblaient, à chaque instant, prêtes à se rompre aux mouvemens que faisaient les bateliers pour les faire voguer. Deux simples planches nous servaient de bancs : sur l'une était la corbeille où dormait heureusement la petite fille ; sur l'autre, ma belle compagne et moi nous occupions toute la largeur de l'esquif. Cette charmante amie tremblait comme la feuille la plus agitée, elle me serrait de toute sa force dans ses deux bras. Trois fois nous fûmes obligés de mettre pied à terre dans des îles, pendant que les bateliers étaient occupés à les remonter en les côtoyant : nous suivions des sentiers étroits au milieu des bois dont ces îles sont couvertes ; et, pendant ces petits intervalles, la terreur ne quittait pas nos dames.

Enfin, en sortant de la dernière de ces îles, nous rentrâmes dans nos barques pour n'en plus resortir que sur le territoire de notre patrie. Il faut s'être trouvé dans notre position, pour pouvoir juger de l'émotion de nos âmes. Nos bateliers étaient prudens et tremblaient néanmoins presqu'autant que nous, non de la crainte que nous inspirait le cours agité de l'onde, mais de quelque surprise. Ils avaient remonté le courant de près d'une lieue afin de n'avoir plus qu'à descendre au cours du fleuve, et à se diriger sur le point où nous étions attendus.

Le reflet de la lune mille fois répétée par les lames du flot, l'apparution et disparution alternative du bord, faisaient un effet extrêmement imposant. Ajoutez à cela le sifflement de l'eau sous nos bateaux. Ma pauvre compagne était plus morte que vive, la frayeur l'avait anéantie. Pour surcroît notre bateau faisait eau et je fus obligé de porter les jambes de ma jeune et belle compagne sur mes genoux, et d'être pour mon compte mouillé comme un canard. Il était temps que cette situation pénible autant pour le physique que pour le moral, prît fin; car je n'en pouvais plus. Ce n'était pas que j'eusse des craintes : l'espérance ne m'avait jamais abandonné. Mais quelle confusion de choses se passaient en moi!

Enfin après avoir été près de trois heures sur le fleuve, nous abordâmes dans un endroit où nous étions attendus par plusieurs paysans, qui nous guidèrent jusqu'à notre gîte à une demi-lieue de là, au village de Rheineau. Un de ces braves avait pris sans mot dire la bercette de l'enfant et l'avait posée sur sa tête. Les autres prirent nos bagages, et nous cheminâmes en silence, nous arrêtant au plus petit bruit. Un chien fut la cause de notre dernière allarme, il aboya si fort contre nous que nous nous crûmes perdus. Mais un des paysans, qui avait du pain dans sa poche lui en jeta, et après être resté quelques minutes blottis dans des broussailles, pour laisser passer le monde que nous avions entendu marcher, nous reprîmes notre chemin, et entrâmes dans une maison comme les compagnons d'Ulysse chez Circé, par une étable et à reculons. Nous trouvâmes ensuite les meilleurs hôtes, bon feu, bon soupé, et le repos qui nous avait fui si long-temps. Ces hôtes nous dirent : Bons Français! que nous sommes contens de vous voir! tous les bons cœurs vous rappellent, mais les autres vous réservent encore bien des maux.

J'accompagnai mes amis jusque dans

leur famille. On peut juger si l'on est bien reçu lorsqu'on est attendu depuis longtemps par d'excellens parens dont les peines ont été excessives pendant les désastres qui ont désolé des gens de bien. Je m'arrête ici. Après avoir été témoin quelque temps du bonheur que mes bons amis avaient retrouvé, je m'en séparai pour rejoindre mes pénates.

FIN.

DÉCLARATION (1)

Que son altesse sérénissime le duc régnant de Brunswick et de Lunebourg, commandant les armées combinées de leurs majestés l'empereur et le roi de Prusse ; adresse aux habitans de la France.

« Leurs majestés l'empereur et le roi de Prusse m'ayant confié le commandement des armées combinées qu'ils ont fait rassembler sur les frontières de la France, j'ai voulu annoncer aux habitans de ce royaume les motifs qui ont déterminé les mesures des deux souverains et les intentions qui les guident.

« Après avoir supprimé arbitrairement les droits et possessions des princes allemands, en Alsace et en Lorraine, troublé et renversé dans l'intérieur le bon ordre et le gouvernement légitime, exercé contre la personne du Roi et contre son auguste famille des attentats et des violences qui se sont encore perpétuées et renouvelées de jour en jour, ceux qui ont usurpé les

(1) Voyez page 259 du deuxième volume.

rênes de l'administration ont enfin comblé la mesure en faisant déclarer une guerre injuste à sa majesté l'empereur, et en attaquant les provinces situées aux Pays-Bas. Quelques-unes des possessions de l'empire germanique ont été enveloppées dans cette agression, et plusieurs autres n'ont échappé au même danger qu'en cédant aux menaces injurieuses du parti dominant et de ses émissaires.

« Sa majesté le roi de Prusse, uni avec sa majesté impériale par les liens d'une alliance étroite et défensive, et membre prépondérant lui-même du corps germanique, n'a donc pu se dispenser de marcher au secours de son allié et de ses coétats; et c'est sous ce double rapport qu'il prend la défense et de ce monarque et de l'Allemagne.

« A ces grands intérêts se joint encore un but également important, et qui tient à cœur aux deux souverains, c'est de faire cesser l'anarchie dans l'intérieur de la France, d'arrêter les attaques portées au trône et à l'autel, de rétablir le pouvoir légal, de rendre au Roi la sûreté et la liberté dont il est privé, et de le mettre en état d'exercer l'autorité légitime qui lui est due.

« Convaincu que la partie saine de la nation française abhorre les excès d'une faction qui la subjuge, et que le plus grand nombre des habitans attend avec impatience le moment du secours pour se déclarer ouvertement contre les entreprises odieuses de leurs oppresseurs, sa majesté l'empereur et sa majesté le roi de Prusse les appellent et les invitent de retourner sans délai aux voies de la raison, de la justice, de l'ordre et de la paix. C'est dans ces vues que moi, le soussigné général commandant en chef les deux armées, déclare :

« 1° Qu'entraînées dans la guerre présente par des circonstances irrésistibles, les deux cours coalisées ne se proposent d'autre but que le bonheur de la France, sans prétendre s'enrichir à ses dépens par des conquêtes;

« 2° Qu'elles n'entendent point s'immiscer dans le gouvernement intérieur de la France; mais qu'elles veulent uniquement délivrer le Roi, la Reine et la famille royale de leur captivité, et procurer à Sa Majesté très-chrétienne la sûreté nécessaire pour qu'elle puisse faire, sans danger et sans obstacles, les convocations qu'elle jugera à propos, et travailler à assurer le bonheur de ses sujets, suivant ses promesses, et autant qu'il dépendra d'elle.

« 3° Que les armées combinées protégeront les villes, bourgs, villages, les personnes et les biens de tous ceux qui se soumettront au Roi, et qu'elles concourront au rétablissement instantané de l'ordre et de la police dans toute la France.

« 4° Que les gardes nationales sont sommées de veiller provisoirement à la tranquillité des villes et des campagnes, à la sûreté des personnes et des biens de tous les Français, jusqu'à l'arrivée des troupes de leurs majestés impériale et royale, ou jusqu'à ce qu'il en soit autrement ordonné, sous peine d'en être personnellement responsables; qu'au contraire ceux des gardes nationales qui auront combattu contre les troupes des deux cours alliées, et qui seront pris les armes à la main, seront traités en ennemis, et punis comme rebelles à leur Roi, et comme perturbateurs du repos public.

« 5° Que les généraux, officiers, bas officiers et soldats des troupes de ligne françaises, sont également sommés de revenir à leur ancienne fidélité, et de se soumettre sur-le-champ au légitime Souverain.

« 6° Que les membres des départemens, des districts et des municipalités seront également responsables, sur leurs têtes et sur leurs biens, de tous les délits, incendies, assassinats et voies de fait qu'ils ne se seront pas notoirement efforcés d'empêcher dans leur territoire; qu'ils seront également tenus de continuer provisoirement leurs fouctions jusqu'à ce que Sa Majesté très-chrétienne, remise en pleine liberté, y ait pourvu ultérieurement, ou qu'il en ait été autrement ordonné en son nom dans l'intervalle.

« 7° Les habitans des villes, bourgs et villages, qui oseraient se défendre contre les troupes de leurs majestés impériale et royale, et tirer sur elles, soit en rase campagne, soit par les fenêtres, portes et ouvertures de leurs maisons, seront punis sur-le-champ, suivant la rigueur du droit de la guerre, et leurs maisons démolies ou brûlées. Tous les habitans au contraire des villes, bourgs et villages, qui s'empresseront de se soumettre à leur Roi, en ouvrant leurs portes aux troupes de leurs majestés, seront à l'instant sous leur sauve-garde immédiate; leurs personnes, leurs biens, leurs effets, seront sous la protection des lois, et il sera pourvu à la sûreté générale de tous et de chacun d'eux.

« 8° La ville de Paris et tous ses habitans, sans distinction, seront tenus de se soumettre sur-le-champ, et sans délai, au Roi; de mettre ce Prince en pleine et entière liberté, et de lui assurer, ainsi qu'à toutes les personnes royales, l'inviolabilité et le respect auxquels le droit de la nature et des gens oblige les sujets envers les souverains; leurs majestés impériale et royale, rendant responsables de tous les événemens, sur leurs têtes, pour être jugés militairement, sans espoir de pardon, tous les membres de l'Assemblée Nationale, du département, du district, de la municipalité et de la garde nationale de Paris, juges de paix et tous autres qu'il appartiendra; déclarant en outre, leursdites majestés, sur leur foi et parole d'empereur et roi, que si le château des Tuileries est forcé ou insulté; que s'il est fait la moindre violence, le moindre outrage à leurs majestés le Roi et la Reine de France et à la Famille royale; que s'il n'est pas pourvu immédiatement à leur conservation et à leur liberté, elles en tireront une vengeance exemplaire et à jamais mémorable, en livrant la ville de Paris à une exécution militaire et à une subversion totale, et les révoltés coupables d'attentats aux supplices qu'ils auront mérités.

« Leurs majestés impériale et royale, promettent, au contraire, aux habitans de la ville de Paris d'employer leurs bons offices auprès de Sa Majesté très-chrétienne, pour obtenir le pardon de leurs torts et de leurs erreurs, et de prendre les mesures les plus rigoureuses pour assurer leurs personnes et leurs biens, s'ils obéissent promptement et exactement à l'injonction ci-dessus.

« Enfin leurs majestés, ne pouvant reconnaître pour lois, en France, que celles qui émaneront du Roi jouissant d'une liberté parfaite, protestent d'avance contre l'authenticité de toutes les déclarations qui pourraient être faites au nom de Sa Majesté très-chrétienne, tant que sa personne sacrée, celle de la Reine et de toute sa famille, ne seront pas réellement en sûreté. A l'effet de quoi, leurs majestés impériale et royale invitent et sollicitent instamment Sa Majesté très-chrétienne de désigner la ville du royaume la plus voisine de ses frontières, dans laquelle elle jugera à propos de se retirer avec la Reine et sa famille, sous une bonne escorte qui lui sera envoyée pour cet effet, afin que Sa Majesté très-chrétienne puisse, en toute sûreté, appeler auprès d'elle les ministres et les conseillers qu'il lui plaira de désigner, faire telles convocations qui lui paraîtront convenables, pourvoir au rétablissement du bon ordre, et régler l'administration de son royaume.

« Enfin, je déclare, en mon propre nom et en ma qualité susdite, de faire observer partout aux troupes confiées à mon commandement, une bonne et exacte discipline; promettant de traiter avec douceur et modération les sujets bien intentionnés qui se montreront paisibles et soumis, et de n'employer la force qu'envers ceux qui se rendront coupables de résistance ou de mauvaise volonté. C'est par ces raisons que je requiers et exhorte tous les habitans du royaume, de la manière la plus forte et la plus instante, de ne pas s'opposer à la marche et aux opérations des troupes que je commande; mais de leur accorder plutôt partout une libre entrée et toute bonne volonté, aide et assistance que les circonstances pourront exiger. »

(10 juillet.)

Donné à......

(Elle fut ensuite datée au quartier-général de Coblentz, le 25 juillet 1792.)

Signé CHARLES-GUILLAUME-FERDINAND, duc de Brunswick-Lunebourg.

En voyant cette fameuse proclamation, chacun s'en expliqua selon l'impression qu'elle faisait sur lui. Je n'ai jamais vu d'opinions plus diverses; je n'en rapporterai aucune; je dirai seulement qu'un vieillard, après l'avoir lue, s'écria les larmes aux yeux : *Louis XVI est mort.*

Complainte d'un vieux Suisse descendant de Guillaume Tell.

Air : *Comment goûter quelque repos*, de l'opéra de *Renaud d'Ast.*

Jadis un peuple généreux
Habitait l'antique Helvétie;
L'honneur, l'amour de la patrie,
Le rendaient brave autant qu'heureux.
Exempt de crainte, de faiblesse,
Fier d'une noble pauvreté,
Ses vertus et sa liberté
Faisaient sa gloire et sa richesse. (*bis.*)

Ses triomphes et ses exploits
Ornent les fastes de l'histoire;
Elle a consacré la mémoire
De ces bons Suisses d'autrefois.
Voyez ces monumens rustiques,
Qui nous retracent leur valeur;
Ils attestent tous qne l'honneur
Régnait aux cantons Helvétiques. (*bis.*)

Un Prince trop ambitieux *
Justement nommé Téméraire,
Croit, en leur apportant la guerre,
Effrayer nos braves aïeux;
Quel fut le prix de son audace?
Quel fut le sort de ses soldats?

---

* *Charles, le Téméraire*, duc de Bourgogne.

Le tombeau s'ouvrit sous leurs pas:
Il n'en reste plus d'autre trace. (*bis.*)

Unis à l'empire des Lis,
C'est par cette auguste alliance
Que d'une heureuse indépendance
Nous vîmes les droits affermis.
C'est à l'abri de cette égide
Qu'a fleuri notre liberté,
L'honneur fut garant du traité,
C'était alors notre seul guide. (*bis.*)

Contre de rebelles sujets,
Fauteurs de la guerre civile,
Charles n'a pas même un asyle *
Au sein de son propre palais;
Mais *Pfiffer* vole à sa défense,
Il conduit nos braves guerriers:
C'est en se couvrant de lauriers
Qu'il sauve le trône et la France. (*bis.*)

Héros, qui dans les champs d'IVRY **
Triomphas d'une ligue impie,
Toi que d'une voix attendrie
On nomme encor le bon Henri,
Si, pour toi signalant leur zèle,
Nos pères bravaient le trépas,
C'est que l'honneur guidait leurs pas
Pour défendre un ami fidèle. (*bis.*)

---

* *Charles IX*, sauvé par les Suisses à la journée de *Meaux*.

** *Henri IV*.

Quand enfin soumise à tes lois
La France en toi voyait un père,
Tu devins le Dieu tutélaire
Des compagnons de tes exploits.
Nous montrons encor ces armures
Dont l'éclat parait ta valeur;
Mais ces gages chers à l'honneur
Tu les remis à des mains pures. (*bis.*)

De tes augustes descendans
Nous avons partagé la gloire,
Louis aux champs de la victoire *
Guida nos drapeaux triomphans;
Sa pieuse munificence,
Enrichit, orna ces autels
Témoins des sermens solennels,
Qui nous unissaient à la France. (*bis.*)

Ils ne sont plus ces temps heureux
Dout je viens de tracer l'image,
Un jour pur, un ciel sans nuage
Ont fait place à des jours affreux;
On dirait qu'ouvrant les abîmes
Qu'habitent des anges pervers,
Pour épouvanter l'univers,
L'enfer a vomi tous les crimes. (*bis.*)

De vils brigands et d'assassins
La France n'est plus qu'un repaire,
Et cette horde sanguinaire
Foule aux pieds les droits les plus saints.

---

* *Louis XIV.*

De meurtres, de pillage avides,
C'est au nom de la liberté
Qu'ils outragent l'humanité,
Et préparent des régicides. (bis.

Les enivrant de ses fureurs
Une sacrilége assemblée
A sur la France désolée
Réuni cet amas d'horreurs;
Au peuple insensé qu'elle égare
Prescrivant l'oubli des bienfaits,
Seule elle a causé ces forfaits,
Et le rend féroce et barbare. (bis.)

Les saints autels sont renversés,
Le trône s'ébranle et chancèle,
Le sang de tout sujet fidèle
Souille leurs débris dispersés;
Plus de Dieu, de roi, ni d'empire,
S'écrie un peuple furieux;
Et l'on est un monstre à ses yeux,
Quand on frémit de son délire. (bis.)

En vain volant à ton secours *,
Louis, notre garde intrépide
En te couvrant de son égide,
Combat pour défendre tes jours:
Des tigres écumant de rage,
Massacrent nos braves guerriers,
Et de leurs lâches meurtriers
Nous briguons encor le suffrage? (bis.)

* Le 10 Août 1792.

Que dis-je! au sein de nos foyers
Souffrant leur infâme émissaire,
A l'appât d'un gain mercenaire
Nous sacrifions nos lauriers;
Un peuple assassin, régicide
Ose nous nommer ses amis:
Ce titre, nous l'avons admis,
Et de notre honte il décide. (*bis.*)

L'Europe armait de toutes parts
Pour venger l'autel et le trône,
Et sous les drapeaux de Bellone
On n'a point vu nos étendards.
La crainte et l'infâme avarice
Font taire la voix de l'honneur,
Et de monstres qui font horreur
Chacun des cantons est complice.

Quoi! le cri du sang de Louis,
Quoi! le cri du sang d'Antoinette
A-t-il donc besoin d'interprète,
Pour frapper vos cœurs abrutis?
L'or que vous prodiguent les crimes,
L'or qui pour vous a tant d'appas,
Est le prix de tant d'attentats,
C'est le prix du sang des victimes.

Louis n'est plus, et ses bourreaux
Parmi nous ont un sûr asyle,
Leur esclave le plus servile
Ne trouve en nous que ses égaux;
Et tarissant la source pure
Des seuls trésors de nos Etats,

C'est pour nourrir des scélérats
Que nous épuisons la nature. *

Que manquait-il à cet excès
De bassesse et d'ignominie,
Que de voir la Suisse avilie,
Mendier l'appui des forfaits. **
Ah! si de notre antique gloire
Ury fut jadis le berceau,
Bâle, tu deviens son tombeau,
Périsse à jamais ta mémoire. (*bis.*)

Ah! qui n'envîrait votre sort? ***
Héros, qu'a pleurés ma patrie,
L'honneur consacra votre vie,
L'honneur consacra votre mort.
Votre gloire est inaltérable
Dans tous les siècles à venir;
Et vous n'eûtes point à rougir
De l'opprobre qui nous accable. (*bis.*)

---

* Le secours en bestiaux et en grains fourni par la Suisse à la France.

** Voyez le discours adressé par le chancelier Ochs à Barthélemy.

*** Les Suisses massacrés aux Tuileries le 10 Août.

DE L'IMPRIMERIE D'A. EGRON,
Imprimeur de S. A. R. Monseigneur Duc d'Angoulême,
rue des Noyers, n° 37.

ERRATA.

TROISIÈME VOLUME.

Page 149, lig. 7, *Summerheu*, lisez : *Summerheau*.
Page 130, lig. 20, *après* d'Yorck, *supprimez* qui.
Page 163, lig. 12, ajoutez à 17 mars : 1800.

www.ingramcontent.com/pod-product-compliance
Ingram Content Group UK Ltd.
Pitfield, Milton Keynes, MK11 3LW, UK
UKHW020444200726
13857UKWH00002B/571